W0258898

WERKSTATTBÜCHER

Verzeichnis der zur Zeit lieferbaren und der in Kürze erscheinenden Hefte, nach Fachgebieten geordnet

Das Gesamtverzeichnis mit Inhaltsangabe jedes einzelnen Heftes ist erhältlich in den Fachbuchhandlungen und unmittelbar beim Springer-Verlag, 1 Berlin 33, Heidelberger Platz 3

Preis jedes Heftes DM 4,50 (der mit * bezeichneten DM 6,–, der mit ** bezeichneten DM 7,50)
Bei gleichzeitigem Bezug von 10 beliebigen Heften ermäßigt sich der Heftpreis um 20%

(Fortsetzung 3. Umschlagseite)

WERKSTATTBÜCHER

FÜR BETRIEBSFACHLEUTE, KONSTRUKTEURE UND STUDENTEN

HERAUSGEBER DR.-ING. H. HAAKE, HAMBURG

HEFT 106

Der Aufgabenkreis des Betriebs-Ingenieurs

Von

Dipl.-Ing. J. Paul

Waibstadt (Elsenz)

Zweite verbesserte Auflage

(7. bis 11. Tausend)

Springer-Verlag Berlin Heidelberg GmbH 1968

Inhaltsverzeichnis

ISBN 978-3-540-04383-6 ISBN 978-3-642-86114-7 (eBook)
DOI 10.1007/978-3-642-86114-7

Ursprünglich erschienen bei Springer-Verlag, Berlin/Heidelberg 1968

Vorwort und Einleitung

Dieses Werkstattbuch hat in seiner nun vorliegenden zweiten Auflage[1]) an Umfang etwas zugenommen, weil der Verfasser bemüht war, alle an ihn herangetragenen Wünsche ebenso wie die verschiedenen technischen und industriellen Entwicklungen, die für den Betriebsingenieur wichtig sind, zu berücksichtigen. Grundsätzlich hat die erste Auflage volle Anerkennung und Zustimmung gefunden mit einer wesentlich aus Verbesserungs- und Ergänzungsvorschlägen bestehenden Kritik. So konnten Gliederung und Aufbau des Buches bei der Neubearbeitung beibehalten werden.

In diesem Büchlein soll von jenem Ingenieur die Rede sein, der die Fertigung eines Erzeugnisses in der Werkstatt überwacht und leitet, also dem Betriebsingenieur in einer Maschinenfabrik, die in Einzel-, Reihen- oder Massenfertigung Maschinen, Apparate oder auch nur einzelne Teile herstellt. Für unsere Betrachtungen ist es daher gleichgültig, ob es sich um die Herstellung von Automobilen, Werkzeugmaschinen, Fahrrädern oder etwa von Haushaltsgeräten handelt.

Die Bezeichnung Betriebsingenieur stellt hier einen Sammelbegriff dar: Die Laufbahn eines Ingenieurs, beginnend als Betriebsassistent und endigend als Betriebsleiter oder Betriebsdirektor. Diese verschiedenen Grade bringen Alter, Erfahrung und Bewährung zum Ausdruck, bezeichnen darüber hinaus natürlich auch die Größe von Wirkungskreis und Verantwortung.

Ist es bei manchem Beruf, auch bei manchem andersartigen Ingenieurberuf möglich, sich die erforderlichen Vorkenntnisse anzueignen, um dann mit einem entsprechenden Wissen an die Ausübung des betreffenden Berufes gehen zu können, so müssen wir im Gegensatz dazu den Beruf des Betriebsingenieurs zu jenen Berufen zählen, die nach Abschluß einer Lehrzeit oder eines Studiums noch eine lange Reihe von Jahren an Einarbeitungszeit erfordern, bevor sie wirklich selbständig und erfolgreich ausgeübt werden können.

Man mag hier einwenden, daß wohl die meisten Berufe neben dem erlernten Wissen auch ein gewisses Maß von Erfahrung fordern. Der Start eines Betriebsingenieurs ist jedoch insofern besonders schwierig, als sich ihm zunächst eine für ihn völlig neue Welt zeigt und er sich von Umfang und Art seines Aufgabenkreises noch keine Vorstellung machen kann. Es liegt an der besonderen Art und Mannigfaltigkeit der Aufgaben des Betriebsingenieurs, daß das übliche Ingenieurstudium die Grundlagen dieses Berufszweiges nicht in gleicher Vollständigkeit und Abstimmung auf die Praxis wie z. B. für den Konstruktionsingenieur darbieten

[1]) Die erste Auflage ist 1951 erschienen. Da der Verfasser kurz vor Ablieferung seiner Ausarbeitungen für die 2. Auflage durch einen Unfall schwer verletzt und dann durch die Folgen an jeder weiteren Arbeit behindert wurde, hat der Herausgeber gemeinsam mit Herrn Obering. Heinrich Mauri, Hamburg, der noch in besonders dankenswerter Weise wertvolle praktische Erfahrungen beisteuerte, das Manuskript im Sinne des Verfassers fertiggestellt.

kann. Die Einsicht, daß besondere Eignungen und eine Fülle von Sonderkenntnissen erforderlich sind, um in der modernen Wirtschaft einen Betrieb in jeder Hinsicht erfolgreich leiten zu können, hat daher in neuerer Zeit dazu geführt, Arbeitsgemeinschaften und Sonderkurse einzurichten, um das grundlegende Ingenieurstudium zu ergänzen. So ist z. B. an der 1966 gegründeten „Ingenieurschule für Produktions- und Verfahrenstechnik“ in Hamburg-Bergedorf für Ingenieure mit abgeschlossener Fachausbildung ein zweisemestriges Fortbildungsstudium vorgesehen, um bereits im Beruf stehende Ingenieure auf industrielle Führungsaufgaben vorzubereiten.

Diese Entwicklung wird weitergehen, aber nach wie vor wird für viele Betriebsingenieure zwischen Studium und Praxis eine gewisse Lücke an Kenntnissen und Erfahrungen bestehen bleiben, die wenigstens teilweise auszufüllen mit diesem Buch angestrebt wird. Auch für Lehrzwecke möge es eine Hilfe und dem bereits tätigen Betriebsingenieur ein treuer Berater sein. Das ist der Wunsch des Verfassers.

I. Der Betrieb als Umwelt

A. Allgemeine Regeln

1. Arbeitsgemeinschaft und Kameradschaft. Das Neuartige zeigt sich dem jungen Betriebsingenieur-Anwärter in mannigfaltiger Gestalt. Er ist nunmehr Mitglied einer Arbeitsgemeinschaft geworden und diese hat viele strenge, wenn auch ungeschriebene Gesetze! Es wird kameradschaftliches Verhalten gefordert — Korrektheit. Wie nie zuvor im Leben wird er von Hunderten von Augen beobachtet und von ebensoviel Ohren belauscht! Er überlege sich daher recht wohl, was er aussprechen und wie er handeln will. Jedes Wort und jede Tat muß vor der Kritik der gesamten Arbeitsgemeinschaft bestehen können! Er muß immer damit rechnen, daß jedes seiner Worte — gleichgültig zu wem sie gesprochen werden — und jede seiner Handlungen irgendwie notiert wird, um ihm eines Tages bei passender Gelegenheit vorgehalten zu werden.

Mit Beginn seiner Tätigkeit ist er jedoch auch — vielleicht ohne es zu wollen — Kämpfer geworden, Kämpfer um seine Existenz. Anfangs wird ihm dieser Kampf wenig zum Bewußtsein kommen, erzielt er jedoch später Erfolge, dann werden sich manche liebe Kollegen als nicht immer faire Konkurrenten zeigen. Es ist dies allerdings eine auch im sonstigen Leben übliche Erscheinung. Immerhin sei hierauf hingewiesen, um Überraschungen vorzubeugen. Insbesondere sei die Gefahr der Bekämpfung durch die Kollegen erwähnt, damit diese Gefahr durch das eigene Verhalten gemindert oder gar beseitigt werden kann.

Es ist kaum anzunehmen, daß zwei Ingenieure sich gegenseitig Steine in den Weg legen, wenn sie zuvor in wahrer Kameradschaft zusammenarbeiteten und sich gegenseitig unterstützten. So ist wohl das eigene Verhalten und die Einstellung eines jungen Ingenieurs zu seinen Kollegen ausschlaggebend für die Behandlung, die er von diesen erfährt. Der junge Ingenieur zeige sich daher vom ersten Tage an kameradschaftlich, hilfsbereit, liebenswürdig und bescheiden. *Höflichkeit ist und bleibt immer die stärkste Waffe!*

Und dann soll noch auf eine Tatsache hingewiesen werden, die gerade für den Betriebsingenieur häufig von großer Bedeutung ist. Alles Wissen und alle Erfahrung ist unvollkommen. Man kann jedoch das Maß von Wissen und Erfahrung vergrößern, einmal durch das Studium der Fachliteratur, zum anderen durch *Anhören* der Ansichten anderer. Wer also nur sich selbst gerne reden hört, ist sehr unklug. Jener aber, der sich vornimmt, andere reden zu lassen — ausreden zu lassen und selbst nur das Allernotwendigste zu sagen und andere zu fragen, um zu hören, ist bestimmt klüger, denn vom Anhören wird er immer und immer wieder lernen. Wer aber selbst viel redet, gibt sich auch viele Blößen! Es ist schon richtig: *Reden ist Silber, Schweigen ist Gold!* Einen um so tieferen Eindruck macht es, wenn ein als zurückhaltend bekannter Mensch bei passender Gelegenheit seine Erfahrung und seine Meinung äußert. Und das soll er dann auch tun.

Schließlich aber erfordert jeder Beruf Takt und ein wenig Diplomatie, wenn er zum Erfolge führen soll — auch diese Wahrheit beherzige der junge Betriebsingenieur.

2. Klärung der Aufgaben. In neuzeitlichen Großbetrieben werden Fertigungsablauf und Fertigungskontrolle vielfach von einer besonderen, der Geschäftsleitung unmittelbar unterstellten Abteilung — der sogenannten Arbeitsvorbereitung — gesteuert, die auch die erforderlichen Betriebsmittel, wie Werkzeuge und Vorrichtungen, beschafft, so daß der Betriebsingenieur hier im wesentlichen nur eine Überwachungsfunktion ausübt. Dennoch ist für ihn eine gründliche Kenntnis dieser Nachbargebiete vonnöten, wie sich in den folgenden Abschnitten dieses Buches noch erweisen wird, ganz abgesehen davon, daß er auch heute noch in mittleren und kleineren Betrieben diese Aufgabengebiete selbst mit wahrnehmen muß.

Die größte Schwierigkeit für den jungen Betriebsingenieur bedeutet indessen der Umstand, daß sein Aufgabenkreis im allgemeinen nicht irgendwie festgelegt und daß ihm der größte Teil der Aufgaben nicht unmittelbar erteilt wird, sondern von ihm selbst erkannt werden muß. Gewiß erhält er aus dem Munde seines Vorgesetzten manchen klar umrissenen Auftrag. Viele Ereignisse innerhalb des Betriebes sowie die übliche Abwicklung des Fertigungsauftrages bergen indessen auch eine Reihe von Aufgaben, die unschwer zu erkennen sind. Zudem ist der junge Betriebsingenieur auch nicht auf sich ganz allein angewiesen, er wird ohne Zweifel von seinem Vorgesetzten oder auch von Kollegen, seinen Meistern und Arbeitern gelegentlich auf diese oder jene seiner Aufgaben aufmerksam gemacht. Die Zahl aber dieser Aufgaben ist so groß, daß deren immer noch einige Dutzend unerwähnt bleiben.

Nachträglich stellt sich dann oft heraus, daß sich die Nichtbeachtung ausgerechnet jener nicht erkannten Aufgaben für die Firma höchst nachteilig ausgewirkt hat.

Es wird eben von einem Betriebsingenieur erwartet, daß er an alles denkt, daß er seinen Aufgabenkreis selbst genau kennt. Und diese Erwartung wird häufig enttäuscht. Das ist — zumal bei einem jungen Betriebsingenieur — auch ganz natürlich, denn: Es ist noch kein Meister vom Himmel gefallen! Die genaue Kenntnis seines Aufgabenkreises kann sich ein Betriebsingenieur erst im Laufe vieler Jahre verschaffen. Es müssen so leider viele Kinder in den Brunnen fallen, bevor sämtliche Brunnen zugedeckt sind.

Von der Lösung einzelner Aufgaben soll in diesem Buche nicht die Rede sein. Wir wollen uns vielmehr damit befassen, den Umfang aller grundsätzlichen Aufgaben des Betriebsingenieurs zu bestimmen.

Das Primäre ist das Wissen um eine Aufgabe!

Das Wissen um eine Aufgabe ist die erste Voraussetzung für ihre Lösung.

Bei der Aufzählung der vielen Aufgaben des Betriebsingenieurs werden wir deren eine ganze Anzahl finden, die leicht als Selbstverständlichkeiten abgetan werden. Sie werden jedoch trotzdem nicht nur der Vollständigkeit wegen aufgeführt, sondern gerade deswegen, weil sie als Selbstverständlichkeiten immer wieder vergessen werden. Es ist daher recht wohl angebracht, diese, wie auch etliche Aufgaben von anscheinend weniger großer Bedeutung, hier schwarz auf weiß einmal festzuhalten.

B. Einfühlung in den Betrieb

3. Inangriffnahme einer Aufgabe. In Großbetrieben ist es heute in der Regel üblich, den jungen für den Betrieb vorgesehenen Ingenieur zunächst einige Jahre in der Arbeitsvorbereitung und im Vorrichtungsbau zu beschäftigen, weil er hier am besten die Betriebsorganisation, den Fertigungsablauf und die Fertigungsprobleme kennen lernt. Wird er aber, wie es auch noch gelegentlich vorkommt, schon gleich zu Beginn seiner Laufbahn im Betrieb eingesetzt, so wird er dort stets zunächst einmal unter die Fittiche eines älteren Betriebsingenieurs genommen. Er ist dann ein Betriebssäugling und wird in den ersten Tagen oder gar Wochen dementsprechend mit großer Nachsicht behandelt. Jedermann wird sich ihm hilfsbereit zeigen. Sein Wissen wird noch gar nicht auf die Probe gestellt und er wird gut daran tun, dieses auch nur sehr bescheiden und vorsichtig in die Waagschale zu werfen. Man verlangt von ihm noch sehr wenig, schätzt vielmehr eine gewisse Zurückhaltung eigener Ansichten. Man wird ihm auch nur leicht zu lösende Aufgaben stellen, Aufgaben allerdings, die seinen Fleiß, sein Interesse, seine Gründlichkeit, seine Zuverlässigkeit, seine Gewandtheit auf die Probe stellen. Diese erste Zeit im Betrieb kommt etwa einer Charakterprobe gleich, wenn dies auch vielleicht nicht bewußte Absicht derer ist, die den jungen Betriebsingenieur anleiten. Mögen daher die ersten Aufträge auch wenig interessant sein oder gar unwichtig erscheinen, so kann doch jedem jungen Manne nur empfohlen werden, sie sehr wichtig zu nehmen und mit äußerster Gewissenhaftigkeit, ernsthaftem Eifer und möglichst auch Schnelligkeit auszuführen. Denn der junge Mann muß verstehen lernen, daß seine Art, Aufträge zu erledigen, den einzigen Anhaltspunkt für die Beurteilung seiner Person darstellt. Setze er daher auch für die einfachste Aufgabe alles ein, um sie mustergültig zu lösen! Und lerne er bei dieser Gelegenheit, sich ausschließlich auf die Erledigung jeweils einer bestimmten Aufgabe zu konzentrieren. Damit erreicht er, daß diese Aufgabe in kurzer Zeit erledigt und er damit wirklich frei für die nächste Aufgabe wird. Wie viele Ingenieure scheitern daran, daß sie die Erledigung einer Aufgabe verschieben — und immer wieder verschieben! Zwar ist die Verschiebung der Erledigung einer Aufgabe zu Beginn der Betriebsingenieurtätigkeit vielleicht nicht so verhängnisvoll. Verhängnisvoll ist es dagegen, wenn dieses Übel zur Gewohnheit wird! Daher kämpfe der junge Betriebsingenieur rücksichtslos vom ersten Tage an gegen diese Unsitte, die ganz allgemein im Leben verpönt ist. So z. B. soll man ein Schriftstück, das auf den Schreibtisch kommt, möglichst nur einmal in die Hand nehmen! Bei diesem Mal soll es folgerichtig gelesen und beurteilt oder beantwortet oder mit der kennzeichnenden Bemerkung versehen werden, denn jedes Beiseitelegen bedeutet doppelten Zeitaufwand. In späteren Jahren — als Vorsteher eines großen Wirkungskreises, wird man häufig genug gleichzeitig vor eine große Anzahl von Aufgaben gestellt. Dann führt die Verschiebetaktik zur Katastrophe! Gewöhne sich der Betriebsingenieur daher von Anfang an daran, Disziplin und System in die Reihenfolge der Erledigung von Aufgaben zu bringen!

4. Übergang zur selbständigen Verantwortung. Nach einiger Zeit wird man den jungen Betriebsmann weniger streng an die Erledigung besonders erteilter Aufträge binden und ihm schon einen gewissen Spielraum für selbständiges Arbeiten einräumen. Man gibt ihm mehr und mehr Gelegenheit, selbst nach dem Rechten zu sehen, d. h. sich selbst Aufgaben zu stellen. Damit beginnt für ihn die Zeit der eigenen Initiative, der eigenen Verantwortung — der Selbständigkeit.

Und hier setzt unser Thema ein.

Der junge Mann wird also immer weniger ausführendes und immer mehr bestimmendes Organ. Seine Tätigkeit und seine Anordnungen erwachsen aus dem eigenen Erkennen der einer Erledigung harrenden Aufgaben. Und um diese Erkenntnis zu gewinnen, muß er vor allem die Ohren spitzen und die Augen gut auftun, dann aber sehr gründlich nachdenken, bevor er an die Lösung einer Aufgabe herantritt. Voreiliges Handeln im Betrieb rächt sich oft bitter!

Oftmals ist das Erkennen sehr vieler Betriebsaufgaben von Zufällen abhängig. Man darf aber nicht von Zufälligkeiten abhängig sein, sondern muß sich bemühen, den gesamten Aufgabenkreis zu überblicken, damit man lernt, alle Betriebsabläufe in geordnete Bahnen zu lenken und sich so vor Überraschungen zu schützen.

Es gibt Vorgesetzte, die einen jungen Betriebsingenieur jahrelang bemuttern. Dann hat es der junge Mann gut getroffen — er hat eben Glück gehabt. Sehr viele Vorgesetzte hingegen überlassen den Anfänger nach kurzer Anleitung seinem eigenen Schicksal, sei es, weil sie durch andere Aufgaben überlastet sind, oder aber sich nicht mehr entsinnen, wie sie selbst lange Jahre angeleitet werden mußten. Anderen Vorgesetzten fehlt auch die Fähigkeit, junge Menschen anzulernen. Und leider wird dann häufig von dem jungen Betriebsingenieur eine Leistung erwartet, der er gar nicht gewachsen sein kann.

Wir wollen uns jedoch nicht darauf verlassen, in die Schule eines verständigen und geduldigen Vorgesetzten zu kommen, sondern versuchen, uns von diesem nach Möglichkeit unabhängig zu machen. Damit wollen wir nicht etwa andere Wege weisen, als ein Vorgesetzter sie anordnet. Wir wollen lediglich aus der Erfahrung Anleitungen geben für die Fälle, in denen es an Anleitungen im Betrieb fehlen sollte.

Nach einiger Einarbeitungszeit fühlt sich der junge Ingenieur manchmal *nicht voll beschäftigt* und verfügt noch über freie Zeit. Diese sollte er benutzen, um noch einen tieferen Einblick in seinen Aufgabenkreis zu gewinnen.

Wir beginnen jetzt mit der Aufzählung der Aufgaben und erwähnen vorerst jene, welche im Zusammenhang mit der *Einfühlung in den Betrieb* stehen.

C. Studium der Werksorganisation

5. Organisationsplan. Der junge Betriebsingenieur muß sich mit der bestehenden Organisation seines Werkes vertraut machen. Er wird hierzu in den seltensten Fällen aufgefordert, er wird jedoch selbst empfinden, wie viel sicherer er sich im Werke fühlt, wenn er die Organisation seines Betriebes und des ganzen Werkes klar im Kopf hat.

Da handelt es sich zunächst um den sogenannten *Organisationsplan* des Werkes, aus welchem der *Aufbau der Verwaltung* hervorgeht. Er erkennt hieraus, welche Stellen dem Betrieb übergeordnet sind und welche anderen ihm gleich- oder nebengeordnet sind. In größeren Werken liegen derartige Organisationspläne stets vor. In kleineren und mittleren Betrieben jedoch fehlen sie häufig. Da ist es also schon eine nette Aufgabe, zunächst einen solchen Organisationsplan für sich selbst aufzustellen [1][2]).

Die dem Betrieb übergeordneten Stellen, die also dem Vorgesetzten des jungen Betriebsingenieurs vorstehen, dürften einstweilen den jungen Mann weniger interessieren. Anders verhält es sich jedoch mit den dem Betrieb gleichgeordneten Abteilungen und Personen.

Es sind das die Stellen, mit welchen der Betrieb — zukünftig also auch der junge Betriebsingenieur — Hand in Hand zusammenarbeiten muß. Selbst für den Fall, daß er nun bereits mit den Herren dieser Stellen bekanntgemacht wurde oder bereits mit ihnen zu tun hatte, muß er nunmehr versuchen, einen ständigen

[2]) Die Zahlen in eckiger Klammer verweisen auf das Schrifttum S. 63.

Kontakt mit diesen Stellen aufrecht zu erhalten, um die Art der Zusammenarbeit mit seinem Betriebe genau kennen zu lernen.

6. Fertigungskontrolle. Diese Abteilung ist zwar in den Organisationsplänen meist nicht als dem Betrieb übergeordnet gekennzeichnet. Sie ist jedoch in bezug auf Beurteilung der Verwendbarkeit der vom Betrieb hergestellten Teile entscheidend, in dieser Beziehung dem Betrieb also doch übergeordnet. Der Betrieb tut daher gut daran, zum Vorteile des Ganzen eng und verständnisvoll mit der Fertigungskontrolle zusammenzuarbeiten, und der kluge Betriebsingenieur veranlaßt die Fertigungskontrolle, ihn tatkräftig in der Einhaltung der geforderten Genauigkeit zu unterstützen. Außerdem bittet er um regelmäßige und rechtzeitige Unterrichtung, bei besonders wichtigen Dingen um schriftliche Verständigung, wenn die Fertigung sich nicht streng an die vorgeschriebenen Maße hält. Auf diese Weise arbeitet der diplomatische Betriebsingenieur nicht gegen die Fertigungskontrolle, sondern unterstützt sie in ihrer Aufgabe und fordert gar eine noch gewissenhaftere Prüfung. Denn: auch die Fertigungskontrolle versagt zuweilen ebenfalls.

Der Betriebsingenieur muß daher der Fertigungskontrolle gegenüber sozusagen den Unternehmerstandpunkt einnehmen, diese als eine Hilfe betrachten und ihr einen angemessenen, berechtigten Anteil an Verantwortung für die Qualität der Betriebsarbeit zuweisen. Denn schließlich ist die Fertigungskontrolle nicht nur dazu da, Fehler festzustellen, sondern sie soll das Auftreten von Bearbeitungsfehlern verhüten!

Aber der Betriebsingenieur muß nicht nur die richtige Einstellung zur Fertigungskontrolle haben, sondern auch laufend gut mit ihr zusammenarbeiten. Zu diesem Zweck kann ihm nicht genug empfohlen werden, sich täglich an den verschiedenen Revisionsstellen an Hand der meistens aufgestellten Prüfprotokolle selbst von der Qualität der abgelieferten Arbeit seiner Abteilung zu überzeugen.

Die Ergebnisse der Fertigungskontrolle zeigen ihm die schwachen Stellen im Betrieb und geben ihm eine Handhabe für ihre Ausmerzung. Gelegentlich sollte er auch selbst die Messungen vornehmen, um auf diese Weise die Meßmethoden und die Meßinstrumente sowie deren Handhabung kennenzulernen. Von einem ausgereiften Betriebsingenieur wird verlangt, daß er das Prüfwesen [2] auch praktisch vollkommen beherrscht!

7. Montageabteilung. Besteht in dem Werk, in dem er tätig ist, neben seiner Werkstatt eine besondere Montagewerkstatt unter Leitung eines anderen Betriebsingenieurs, dann befleißige er sich einer ganz ähnlichen Einstellung zu diesem. Beim Zusammenbau treten nämlich manchmal verdeckte Fehler (wie Unparallelität, Fluchtungsfehler, Winkelfehler u. dgl.) zutage, so daß man die Montageabteilung vom Standpunkt des Fertigungsbetriebes aus gewissermaßen als die Endkontrolle betrachten kann. Der Fertigungsingenieur suche deshalb die Montageabteilung regelmäßig auf, um sich von der Montagereife seiner Lieferungen bzw. von den Montageschwierigkeiten, hervorgerufen durch Abweichungen der Fertigungsmaße von der Vorschrift, selbst zu überzeugen, bevor die Montageabteilung sich wegen fehlerhafter Arbeit des Betriebes beschwerdeführend an eine höhere Stelle wenden kann. Er nehme daher die Beschwerden mit dem Bestreben entgegen, für Abhilfe zu sorgen. Andererseits kann auch dem Betriebsingenieur der Montageabteilung nur empfohlen werden, so vertrauensvoll wie nur möglich mit der Fertigungswerkstatt zusammenzuarbeiten, denn ihm kann im Gesamtinteresse doch nur daran gelegen sein, die Montage möglichst ohne zeitraubende Nacharbeit fehlerhafter Einzelteile termingerecht durchzuführen.

Heutzutage achtet jede erfolgsbestrebte Geschäftsleitung auf die Einhaltung eines sogenannten „Teamworks“ und würde für ein Gegeneinanderarbeiten ihrer Betriebsingenieure kein Verständnis haben. Das aber setzt die Ausschaltung jeglichen rein gefühlsmäßigen Handelns oder Verhaltens voraus.

8. Werkzeug- und Vorrichtungskonstruktion und -Bau. Sozusagen als Kunde tritt der Betriebsingenieur im Konstruktionsbüro für Werkzeuge und Vorrichtungen und im Werkzeugbau auf, denn diese Abteilungen arbeiten für den Betrieb. Eine innige Zusammenarbeit mit diesen Abteilungen ist ganz unerläßlich. Auch die regelmäßigen Besuche dieser Abteilungen sind zum Gelingen des Ganzen sowie für seine Person von unschätzbarem Wert! Im Konstruktionsbüro für Werkzeuge und Vorrichtungen hat er Gelegenheit, Entwürfe und Zeichnungen von Werkzeugen, Vorrichtungen oder Spezialmaschinen, die von der Arbeitsvorbereitung für seinen Betrieb geplant wurden, kennenzulernen. Falls er nicht selbst schon vorher in der Vorrichtungskonstruktion tätig war, lernt er bei dieser Gelegenheit, wie diese Dinge konstruiert werden. Wenn er sich laufend von dem Fortgang der Konstruktionen überzeugt und dann auch im Werkzeugbau die Herstellung der Teile verfolgt und auch bei deren Erprobung zugegen ist, dann ist er genau im Bilde, wenn diese neuen Werkzeuge, Vorrichtungen oder Spezialmaschinen in seiner Werkstatt zum Einsatz gelangen [3].

Im Laufe der Zeit wird er sich in manchen Dingen dann schon ein eigenes Urteil bilden können, in Zweifelsfällen auch mal seine Fabrikationsmeister um ihre Ansichten befragen. Er wird dann eigene Wünsche vorbringen. Aber erst nach vielen Jahren wird er auf diesem Gebiete soviel Erfahrung haben, daß er sowohl für die Konstruktion von Werkzeugen und Vorrichtungen als auch für deren Anfertigung im Werkzeugbau selbstverantwortlich Richtlinien aufstellen kann. In den ersten Jahren beschränke er sich lieber darauf, zu sehen und viel zu fragen.

Ein bequemer Betriebsingenieur — um nicht zu sagen: ein interessenloser — kümmert sich wenig um diese beiden Abteilungen und nörgelt nur, wenn die Ausführungsart der vom Werkzeugbau angelieferten Einrichtungen seinen Erwartungen nicht entspricht. Nachträglich über eine vollendete Tatsache nörgeln, ist zwecklos und erregt Unwillen. Zweifellos ist es richtiger, sich regelmäßig vor der Ausführung von Neukonstruktionen die Zeichnungen genau anzusehen und rechtzeitig Einwände zu erheben.

Der Hinweis auf die naheliegenden Vorteile und die Selbstverständlichkeit, zwischen Betrieb, Konstruktionsbüro für Werkzeuge und Vorrichtungen und dem Werkzeugbau einen möglichst ununterbrochenen, freundlichen Kontakt zu pflegen, dürfte ohne weiteres einleuchten.

9. Arbeitsvorbereitung [1]. Ebenso wird dem jungen Betriebsingenieur empfohlen, sich von vornherein an die Zusammenarbeit mit der Arbeitsvorbereitung zu gewöhnen. Auch diese Abteilung arbeitet für den Betrieb. Ihr Verhältnis zum Betrieb ist nicht immer eindeutig. In großen, fortschrittlich eingestellten Werken ist die Arbeitsvorbereitung für den Betrieb bestimmend. In kleineren Fabriken und je nach Eigenart der Fertigung lehnt sich die Arbeitsvorbereitung mehr oder weniger stark an den Betrieb an, d. h. läßt sich vom Betrieb gerne beraten. Wir fassen hier insbesondere die beiden Hauptaufgaben einer Arbeitsvorbereitung ins Auge: die Fertigungsplanung und die Vorkalkulation der Akkordpreise. Und hier ist es für den jungen Betriebsingenieur, auch wenn er schon mal in der Arbeitsvorbereitung beschäftigt war, ohne Zweifel von großem Nutzen, wenn er sich laufend von der Vorbereitung der Fertigungsaufträge unterrichtet. Er erkennt dort, wie die Fertigung eines Werkstückes geplant wird und wie die Akkordpreise ermittelt werden. Nachdem er dann im Laufe einiger Jahre die Arbeitsweise und die Gepflogenheiten der Arbeitsvorbereitung in sich aufgenommen hat, ist er in der Lage, sich ein eigenes Urteil über die Zweckmäßigkeit und Richtigkeit der Auffassungen dieser Abteilung zu bilden. Er wird dann zuweilen seine eigene Ansicht durchsetzen können. Zweckmäßig wird er sich auch von dem Vorgehen der Zeitstudieningenieure überzeugen und es lernen, selbst eine Zeitstudie durchzuführen, denn vielfach wird er zur Schlichtung von Meinungsverschiedenheiten in der Frage der Akkordpreisregelung herangezogen werden.

10. Betriebsbuchhaltung. Von sehr großem Interesse und Nutzen dürfte es für den jungen Betriebsingenieur auch sein, mit der Betriebsbuchhaltung Fühlung zu nehmen. Hier erfährt er, mit welchem Erfolg seine Abteilung wirtschaftet. Insbesondere wird er hier mit dem gesammelten Unkosten- bzw. Gemeinkostenwesen bekannt und wird über das Ergebnis der evtl. von ihm selbst getroffenen Maßnahmen unterrichtet. Das Studium der meist monatlichen Gemeinkostenabrechnungsbögen ist eine der wichtigsten Aufgaben des Betriebsingenieurs (vgl. Abschn. 36, S. 34).

11. Hilfs- und Nachbarabteilungen. Auch ein gelegentlicher Besuch der Abteilung Nachkalkulation ist zu empfehlen, da er dort erfährt, welche Kundenaufträge mit Gewinn und welche mit Verlust abschließen.

Im Lohnbüro wiederum erhält er Kenntnis über verschiedenartige Angelegenheiten, die seine Arbeiter betreffen.

Schließlich sind noch Abteilungen wie Materialprüfstelle, Laboratorium und Eingangskontrolle [4] zu erwähnen, deren gelegentlicher Besuch zu empfehlen ist, da man dort immer wieder diese oder jene neue Erkenntnis mitnimmt.

In großen Werken finden wir im übrigen nicht nur einen Betrieb, sondern eine große Anzahl verschiedenartiger Werkstätten. Da ist es dann ohnehin angebracht, die nachbarlichen Betriebe kennenzulernen und mit ihnen Fühlung zu halten.

Je nach Eigenart eines Werkes finden wir vielleicht noch mehr oder aber noch andere Stellen, mit welchen eine Verbindung herzustellen ist. Vorliegende Aufzählung mag indessen genügen. Das Wesentliche ist, daß es dem jungen Betriebsingenieur einleuchte, mit wie vielen Vorteilen es für ihn verknüpft ist, sich über die Rolle der einzelnen Organisationsstellen klar zu werden und daß er einsieht, daß sich sein Wissen und seine Erfahrung um so mehr vertieft, an je mehr Stellen er Belehrung sucht.

12. Formularwesen. Ausgangspunkt unserer Betrachtung war die Absicht, den jungen Ingenieur in die Organisation einzuführen. So haben wir ihn zunächst mit jenen Organisationsstellen bekannt gemacht, die für ihn vorerst von Bedeutung sind. Damit ist jedoch der Begriff der Organisation noch nicht erschöpfend geklärt, denn neben der Aufteilung der Arbeitsgebiete ist die Art einer Organisation vor allem durch die Regelung der Zusammenarbeit der einzelnen Organisationsstellen untereinander gekennzeichnet. Und diese Regelung erfolgt durch Herausgabe von Richtlinien, vor allen Dingen jedoch durch gedruckte Formulare, welche sozusagen das festliegende Geleise für die Abwicklung aller Geschäftsvorgänge darstellen.

Der junge Betriebsingenieur beschäftige sich daher sehr eingehend mit dem Studium des gesamten Formularwesens seines Werkes!

Fast jedes Formular verwirrt den Betrachter zunächst. Es ist daher erforderlich, sich Zeit zu nehmen, um über seinen Aufbau und Bestimmungszweck klar zu werden. Am vorteilhaftesten habe ich es immer empfunden, sich diese Formulare nach Feierabend — oder sogar zu Hause genauer zu betrachten. Bleibt dann noch manches Rätsel zu lösen, so lasse man sich von jenen Leuten aufklären, die mit der Verwendung der betreffenden Formulare vertraut sind.

Insbesondere muß sich der junge Betriebsingenieur unverzüglich damit befassen, die sogenannten Arbeitspapiere lesen zu lernen. Es sind das: Auftragsstückliste, Arbeitsplan, Terminkarte, Laufkarte, Akkordkarte, Materialbezugsschein. Der Gesamtaufbau der Auftragserteilung in Form dieser Arbeitspapiere muß dem jungen Betriebsingenieur so in Fleisch und Blut übergehen, daß er dazu in die Lage versetzt wird, sich ein eigenes Urteil über die Zweckmäßigkeit der einzelnen Formulare zu bilden. In großen fortschrittlichen Werken ist allerdings das Formularwesen schon vorteilhaft ausgeklügelt, und es hat sich dort bereits eine gewisse Norm entwickelt, so daß eine Kritik wenig am Platze sein dürfte. In kleineren und auch mittelgroßen Werken hingegen ist eine zweckmäßigere und praktischere Ausarbeitung der Formulare häufig durchaus angebracht, insbesondere dürfte dort zuweilen noch manche Lücke durch Einführung weiterer Formulare auszufüllen sein. In solchen Fällen kann der junge Ingenieur ruhig selbst daran gehen, geeignete Formulare zu entwerfen. Damit ist er gleichzeitig gezwungen, sich grundsätzlich in die Organisation zu vertiefen. Und es ist immer gut, sich auch auf organisatorischem Gebiet zu betätigen.

Zusammenfassend stellen wir also fest, daß allein aus dem Studium der Organisation und der Fühlungnahme mit den einzelnen Organisationsstellen automatisch eine große Anzahl von Aufgaben erwächst und daß der junge Betriebsingenieur seinen Gesichtskreis auf diese Weise sehr bald wesentlich zu erweitern vermag.

II. Arbeitsprogramm des Betriebsingenieurs

A. Abwicklung eines Fabrikationsauftrages

13. Mitwirkung des Betriebsingenieurs. Auch für den jungen Betriebsingenieur wird die glatte Abwicklung eines Fabrikationsauftrages allmählich zu einer seiner Hauptaufgaben. Je nach dem Fertigungsprogramm eines Werkes liegen viele kleinere Fabrikationsaufträge vor — das ist der eine, ungünstigere Grenzfall — oder aber es besteht nur ein einziger, kontinuierlicher Auftrag, also etwa eine Fließarbeit — der andere, vorteilhafte Grenzfall. Im ersten Falle wiederholen sich bei jedem Fabrikationsauftrag regelmäßig die mit der Abwicklung verknüpften Aufgaben, deren Erledigung nun einmal nicht zu umgehen ist. Das erfordert große Gewissenhaftigkeit, Umsicht, Geschick und sehr viel Arbeit vom Betriebsingenieur. Zuweilen ist ein Betriebsingenieur allein von der Erledigung dieser Aufgaben voll in Anspruch genommen, so daß ihm für manche andere wichtige Aufgabe nicht die erforderliche Zeit bleibt.

14. Übertragung von Aufgaben und Verantwortung. Hierzu sei von vornherein dem jungen Betriebsingenieur der vielleicht wichtigste Hinweis des ganzen Buches gegeben: Eine Aufgabe vernachlässigen mit der Begründung, für eine andere Aufgabe vollkommen ausgefüllt zu sein, ist ein Zeichen von Unvermögen, seine Arbeit richtig einzuteilen — ist ein Dokument der Unfähigkeit! Ein junger Betriebsingenieur, der es im Laufe einer gewiß erforderlichen Einarbeitungszeit nicht lernt, seine Arbeit so einzuteilen, daß er sämtlichen seiner Aufgaben gerecht zu werden vermag, wird immer ein kleiner Betriebsingenieur bleiben. Gerade in der Beherrschung eines großen Aufgabenkreises kann ein Mensch seine Befähigung beweisen!

Dabei wird von einem Betriebsingenieur natürlich gar nicht verlangt, daß jede einzelne Aufgabe von ihm persönlich erledigt wird. Es wird von ihm lediglich verlangt, daß er seine Aufgaben kennt, daß er an jede Aufgabe denkt und daß jede Aufgabe erledigt w i r d ! Von wem diese Erledigung erfolgt — danach wird in der Regel gar nicht gefragt. So muß es sich der junge Betriebsingenieur von vornherein angewöhnen, nur jene Aufgaben persönlich zu erledigen, die nur durch ihn persönlich erledigt werden können! Er muß es lernen, alles von sich abzuwälzen, was durch seine ihm untergeordneten Mitarbeiter erledigt werden kann. Er muß es lernen, Vertrauen in seine Mitarbeiter zu setzen und Verantwortung zu übertragen! So nur erreicht er es, sich Kopf und Zeit freizuhalten für größere Aufgaben. Und nur so erfolgt ein A u f s t i e g ! Wer indessen jede Aufgabe persönlich erledigen, persönlich jede Entscheidung treffen will, ist und bleibt ein k l e i n e r M a n n !

Das ist ein Hinweis am Rande unseres Themas; doch wir wollen uns darüber im klaren sein: das gründliche W i s s e n um sämtliche Aufgaben unseres Wirkungskreises entspricht unserer Stärke und das Vermögen, die Erledigung sämtlicher Aufgaben zu bewirken — unserem Erfolg. Fahren wir daher in unserer Aufzählung der Aufgaben fort.

15. Auftragsunterlagen. Die Abwicklung eines Fertigungsauftrages bei stets gleichbleibendem Erzeugnis ist natürlich mit sehr viel weniger Aufwand an Arbeit und Zeit verknüpft. Dabei ist es auch sehr angenehm, daß man weniger kategorisch an einen bestimmten Zeitpunkt für die Erledigung einer Abwicklungsaufgabe gebunden ist, denn hier herrscht nicht ein täglich wechselnder Zustand, sondern der immer mehr oder weniger kontinuierlich unveränderte Fluß. Nur eine geringe Zahl neu hinzukommender Aufgaben beansprucht ein Eingreifen.

In beiden Fällen jedoch — sowohl bei ständig wechselnden Erzeugnissen als auch bei der Fertigung eines immer gleichen Produkts — ist der Aufgabenkreis zur Abwicklung des Fabrikationsauftrags grundsätzlich der gleiche:

Zwischen der Zustellung eines Fabrikationsauftrages in Form der Arbeitspapiere und der wirklichen Inangriffnahme seiner Ausführung liegt immer eine gewisse Spanne an Zeit. Zuweilen handelt es sich um einen oder zwei Tage, manchesmal vergehen jedoch auch Wochen, bevor die Fertigung beginnt bzw. beginnen kann.

Der junge Betriebsingenieur hat daher Gelegenheit, die neuen Arbeitspapiere gründlich einzusehen. Das erste, was er bezüglich des neuen Auftrages unternehmen wird, ist die Beschaffung der Zeichnungen, die er sehr gründlich studieren wird. Ohne zuvor die Arbeitspläne genauer betrachtet zu haben, wird er aus den Zeichnungen selbst ersehen können, wie die Fertigung der einzelnen Teile zu erfolgen hat. Er wird insbesondere auf die verlangten Genauigkeiten, also auf die P a s s u n g e n achten und die grundsätzlichen Schwierigkeiten für die Fertigung erkennen können.

Zu Beginn seiner Tätigkeit im Betrieb wird das gewissenhafte Studium sämtlicher Zeichnungen dem jungen Mann schwerfallen und viel Zeit kosten. Es muß jedoch sein! Hat er einmal darin eine gewisse Übung, dann geht es schon viel schneller. Der ausgereifte Betriebsingenieur erfaßt mit einem Blick sofort die kritischen Punkte einer Zeichnung und vermag oft in nur einer Minute eine ganze Anzahl von Zeichnungen zu überprüfen.

Ist nun eine Zeichnung überprüft und verstanden, dann nehme man den dazu gehörenden Arbeitsplan, der aus der Laufkarte (s. S. 12) zu erkennen ist und verfolge auf der Zeichnung die vorgeschriebenen Arbeitsgänge und vergleiche, wie weit diese der eigenen Auffassung entsprechen. Zunächst aber halte man mit der Kritik zurück, einstweilen lasse man sich durch die Arbeitspläne ruhig belehren! Später wird dann schon die Zeit kommen, wo man gegenüber den von der Arbeitsvorbereitung aufgestellten Arbeitsplänen eine eigene Ansicht äußern und gegebenenfalls auch durchsetzen kann. Im übrigen schadet es gar nichts, wenn bei der Prüfung sowohl der Zeichnungen als auch der Arbeitspläne der interessierte Meister hinzugezogen wird! Auch aus den Bemerkungen des Fabrikationsmeisters kann der junge Betriebsmann vorläufig noch viel lernen!

16. Werkzeuge und Vorrichtungen. Nun aber sieht der junge Betriebsingenieur, daß für die Fertigung des betreffenden Werkstückes in den Arbeitsplänen eine Reihe von Werkzeugen, Vorrichtungen und Sondereinrichtungen vorgesehen ist. Daraus erwächst ihm nun die neue Aufgabe, sich diese Dinge anzusehen. Entweder läßt er sich nun die Zeichnungen hiervon kommen, oder aber — bei größeren, verwickelten Vorrichtungen — er begibt sich auf das Vorrichtungslager, wo diese neuen Einrichtungen zur Ausgabe bereit stehen. In manchen Fällen ist die Anfertigung der neuen Einrichtungen im Werkzeugbau noch nicht beendet, also wird er zum Werkzeugbau gehen, um nicht nur die Art der Vorrichtungen kennenzulernen, sondern auch deren Liefertermin zu erfahren. Jedenfalls ist er auf diese Weise bereits auf den Einsatz dieser besonderen Einrichtungen in seinem Betrieb vorbereitet.

Setzt nun die Inangriffnahme des Fertigungsauftrages ein und damit auch die Verwendung der neuen Vorrichtungen, dann sei er zugegen, wenn die ersten Werkstücke auf diesen Vorrichtungen bearbeitet werden. Er erkennt dann restlos, welchen Zweck sie zu erfüllen haben.

17. Arbeitszeiten. Aus den Arbeitspapieren gehen ferner die errechneten Zeiten für die Durchführung der einzelnen Arbeitsgänge hervor. Auch hier ist es gut, sich einen Überblick zu verschaffen. Die eine oder andere festgelegte Arbeitszeit läßt vielleicht Zweifel aufkommen. Dann vergewissere sich der junge Ingenieur bei der Durchführung des Arbeitsganges von der Richtigkeit der vorgegebenen Zeit. Es handelt sich hierbei also um die Prüfung des Akkordpreises.

18. Schwerpunkte bei der Fertigung. Vor Inangriffnahme der Fertigung hat man sich nach Prüfung der Zeichnung, der Arbeitspläne und der neuen Vorrichtungen notiert, in welchen Punkten der Fertigung mit Schwierigkeiten zu rechnen ist, oder aber, welche Arbeitsgänge irgendwie von besonderem Interesse sind. Jetzt, bei der Durchführung der Fertigung, besteht nunmehr die Möglichkeit, sich von der mehr oder weniger glatten Abwicklung der Arbeiten zu überzeugen. An der Werkzeugmaschine beobachte man die Durchführung der Arbeitsgänge und in der Fertigungskontrolle überzeuge man sich vom Einhalten der geforderten Genauigkeiten.

19. Zusammenarbeit mit der Fertigungskontrolle. Wie bereits grundsätzlich erwähnt, ist der häufige Aufenthalt in der Fertigungskontrolle für den Betriebsingenieur geradezu unumgänglich. Er sieht dort, welche Fehler seiner Fertigung unterlaufen und daraus erwachsen ihm neue Aufgaben. So ist er zunächst verpflichtet — etwa mit dem betreffenden Abteilungsmeister zusammen — die Fehlerquellen festzustellen und Vorkehrungen zu treffen, die eine Wiederholung der gleichen Fehler unmöglich machen. Dieses Wort u n m ö g l i c h ist hier in seinem wirklichen Sinne zu deuten! Das Abstellen von Fabrikationsfehlern ist eine grundsätzliche Aufgabe des Betriebsingenieurs!

Hat jedoch die Fertigung fehlerhaft gearbeitet und sind hierdurch Teile für die weitere Verwendung unbrauchbar, also Ausschuß geworden, dann wird von der Fertigungskontrolle das Ausstellen eines Ersatzauftrages veranlaßt. Es ist gut, wenn der Betriebsingenieur Kenntnis von einem nachlaufenden Ersatzauftrag hat, zumal er für die Einhaltung des Liefertermins für den in sich geschlossenen Auftrag verantwortlich ist.

20. Terminverfolgung. Damit schneiden wir gleichzeitig schon die nächste Aufgabe des Betriebsingenieurs an: die Verfolgung und Einhaltung der Liefertermine! Der ahnungslose junge Betriebsingenieur läßt sich leider allzu häufig zum Terminjäger degradieren, insbesondere in Werken, in welchen das Terminwesen und die Auftragssteuerung nicht lückenlos organisiert sind. Selbstverständlich müssen die Liefertermine eingehalten werden und sicherlich zählt die Verfolgung der Termine mit zu den Aufgaben des Betriebsingenieurs. Wenn dieser nun jedoch persönlich hinter den einzelnen Terminen herrennt und dazu womöglich auch noch seine Meister und Vorarbeiter in die Terminaufgabe einschaltet, dann ist das Irrenhaus fertig! Es ist ganz unverständlich, daß auch heute noch in einigen Fabriken derartige Zustände seit Jahren oder gar Jahrzehnten bestehen und geduldet werden.

Wird der junge Betriebsingenieur für die Einhaltung der Liefertermine verantwortlich gemacht, dann hat er lediglich Maßnahmen zu treffen, damit die Termine tatsächlich pünktlich eingehalten werden. Wie diese Lösung erfolgt und wer sie bewirkt — das ist seine Sache! Jedoch den einzelnen Werkstücken nachzurennen — wie es zuweilen von kurzsichtigen und rückständigen Vorgesetzten tatsächlich verlangt wird — das ist in meinen Augen keine Lösung, sondern ein Zeichen von Hilflosigkeit.

Aber was soll der junge Betriebsingenieur tun, wenn er wirklich in einen Betrieb hineingeraten ist, in welchem seither die Termine erjagt wurden? Zunächst wird er wohl oder übel mitrennen müssen. Dann aber wird er versuchen, an Stelle seiner Beine sein Hirn in die Waagschale zu werfen: er wird über den Fall einmal in aller Ruhe nachdenken. Dann erkennt er, daß er eine organisatorische Aufgabe vor sich hat. Ich will in diesem Falle die Lösung andeuten: Man stelle sich die Werkstatt vor mit ihren Werkzeugmaschinen und den daran stehenden Arbeitern, jedoch ohne jegliches Fertigungsmaterial! Ohne Fertigungsmaterial kann der Betrieb nicht arbeiten! Nun gibt eine zentrale Stelle für jeden einzelnen Arbeiter in Form von Material und Arbeitspapieren die Arbeit aus, und zwar:

1. nur solche Arbeiten, die terminlichen Vorrang haben und
2. nur soviel Arbeit, als etwa in ein bis zwei Tagen bewältigt werden kann.

In etwa ein bis zwei Tagen wird also der Betrieb wieder ohne Arbeit sein. Innerhalb dieser Zeit wird jedoch die zentrale Arbeitsausgabe bereits die Ausgabe weiterer Arbeiten streng in Reihenfolge der vorgeschriebenen Termine vorbereiten. Meldet dann der Meister die Beendigung einer Arbeit, dann erhält er jeweils einen Anschlußauftrag. Ohne Fertigmeldung von Arbeitsaufträgen erhält er keine Anschlußaufträge.

Auf diese Art wird erreicht, daß

1. die gesamte Arbeitskapazität ausschließlich für Arbeiten in der Reihenfolge der vorgeschriebenen Termine zum Einsatz gelangt, Arbeiten weniger dringlicher Art also gar nicht ausgeführt werden können,

2. nur jenes Fertigungsmaterial sich im Betrieb befindet, an welchem tatsächlich gearbeitet werden soll, und
3. nicht mehr jeder Meister Termindispositionen trifft, sondern nur die zentrale Arbeitsausgabestelle.

Eine Terminverfolgung besteht dann nur noch insofern, als die Fertigmeldungen notiert werden — also nur buchmäßig. Wir haben es also dann weniger mit einer Termin-Verfolgung, als vielmehr mit einer terminlichen Steuerung der einzelnen Fertigungsaufträge zu tun, insofern die Einhaltung der Termine durch pünktliche Ausgabe der Arbeiten — die zeitlich etwa identisch ist mit deren Inangriffnahme — gewährleistet wird. Gewiß soll der Kunde möglichst pünktlich beliefert werden. Wichtiger noch als diese Forderung ist jedoch die Aufgabe, durch eine sorgfältige Organisation des Terminwesens sich interne Vorteile in wirtschaftlicher Beziehung zu sichern. Die Ausarbeitung und Durchführung dieser organisatorischen Aufgabe ist Sache des jungen Betriebsingenieurs.

Jeder Auftrag soll zwangsläufig durch die Fertigung hindurchgesteuert werden. Damit werden zugleich die Materialdurchlaufzeiten durch die Fertigung kurz gestaltet: Materialansammlungen im Betrieb und in den Lagern werden unnötig oder geringer, damit zugleich der Bedarf an Raum, an Betriebskapital und Zinsen; viele Maschinenumrichtungen und -ausfallzeiten werden vermieden; grundsätzlich wachsen Ordnung und Disziplin im Ablauf der Fertigung. Eine klare, straffe Terminorganisation bringt also Vorteile von großer wirtschaftlicher Bedeutung, z. B. eine Steigerung des Umsatzes.

So erfolgt zunächst die Terminfestsetzung an Hand von Termin- und Maschinenbesetzungsplänen meist in der „Arbeitsvorbereitung" bzw. im Terminbüro. Die Einhaltung dieser Termine ist jedoch Sache des Betriebes. Voraussetzung dafür ist zunächst, daß die Terminfestsetzung im Einklang mit der Kapazität des Betriebes steht. Auf diesem Gebiet wird noch schwer gesündigt und z. B. als Termin vorgeschrieben „sofort" oder „brandeilig". Derartige Vorschriften sollte der Betrieb stets zurückweisen und darauf bestehen, daß unter Berücksichtigung anderer, bereits in Fertigung befindlicher Aufträge ein Datum vorgeschrieben wird, das auch tatsächlich einzuhalten ist.

Der Betrieb andererseits ist nur unter der Voraussetzung in der Lage, vorgeschriebene und einhaltbare Termine zu verwirklichen, daß er die Terminaufgaben von allen anderen Aufgaben loslöst und als Sonderaufgabe einer einzigen Stelle überträgt — je nach Größe des Betriebes einem bestimmten Angestellten oder einer besonderen Abteilung. Diese Stelle allein „steuert" dann genau nach Festsetzung aller Termine jeden Auftrag so durch sämtliche Bearbeitungs- und Montagevorgänge und Lager, daß Terminüberschreitungen grundsätzlich ausgeschlossen werden. Es geschieht dies — wie bereits angedeutet — durch eine termingerechte Herausgabe der einzelnen Bearbeitungsaufträge und des Materials an die Fertigung, durch eine papiermäßige Kontrolle der pünktlichen Erledigung der einzelnen Bearbeitungs- oder Montageaufträge sowie durch ständige Beobachtung etwaiger Materialansammlungen in der Fertigung, in den Lagern, Zwischenlagern und Montageabteilungen.

Termine lassen sich weder diktieren noch erjagen, sondern nur berechnen und durch kluge Dispositionen verwirklichen. Darin erblicken wir die gestellte Aufgabe: durch eine zweckmäßige Organisation die automatische Einhaltung aller Termine zu sichern. Ein vorzügliches Mittel hierzu bietet die sogenannte Netzplantechnik, die neuerdings immer mehr angewendet wird [7].

Damit haben wir die programmäßigen Aufgabenarten im Rahmen der Abwicklung der Fertigungsaufträge erwähnt, mit welchen sich der junge Betriebsingenieur möglichst gründlich befassen sollte, wenn er beginnt, auf eigenen Füßen zu stehen. Dieser Aufgabenkreis ist jedoch nur in seinen Hauptpunkten umrissen, denn in Wirklichkeit fällt je nach Eigenart einer Fertigung noch eine ganze Reihe von Aufgabenarten an, die jedoch meist von selbst die Aufmerksamkeit auf sich ziehen.

B. Betreuung der Gefolgschaft

21. Tarifvertrag und Arbeitsrecht. Hiermit schneiden wir ein Kapitel an, das ebenfalls von großer Bedeutung ist. Der Aufgabenkreis, der damit anfällt, ist sehr umfangreich und fordert große Aufmerksamkeit und Erfahrung. Es fragt sich nun, wie der junge Betriebsingenieur am zweckmäßigsten angeleitet werden soll. Einmal soll er den Standpunkt des Arbeitgebers einnehmen, dann aber soll er mit seiner Gefolgschaft in kameradschaftlichem Verhältnis stehen und sich schützend vor seine ihm anvertrauten Mitarbeiter stellen.

Da er sich in Zukunft sehr häufig mit Fragen arbeitsrechtlicher Art befassen muß, tut er zunächst gut daran, den Tarifvertrag für Lohnempfänger eingehend zu studieren; auch ein gelegentlicher Einblick in das Arbeitsrecht kann nur nützlich für ihn sein, wenn er sich auch darauf beschränken kann, nur die ihn unmittelbar interessierenden Kapitel durchzuarbeiten: z. B. Lohnfragen, Urlaubsfragen, Recht zur fristlosen Entlassung. Auf alle Fälle muß er bestrebt sein, wenigstens die Grundlagen des Rechts zwischen Arbeitgeber und Arbeitnehmer zu beherrschen. Zudem hat er zweifellos Gelegenheit, sich bei den hierfür maßgebenden Stellen in seinem Werk beraten zu lassen. So wird ihm auch die ständige Fühlungnahme mit dem Betriebsrat von Nutzen sein.

22. Menschenführung. Wenn die Kenntnis der Rechtslage also schon von großer Wichtigkeit ist, so verstehen wir unter Betreuung der Gefolgschaft jedoch auch eine Anzahl von Pflichten dieser gegenüber, und zwar weniger gesetzliche Pflichten, als vielmehr Pflichten, deren Erfüllung die Voraussetzung für eine angemessene Arbeitsleistung der Gefolgschaft darstellt. Diese Art von Pflichten, als Quintessenz wirtschaftlicher, menschlicher und sozialer Erwägungen, finden wir nicht in einem Arbeitsrecht oder Tarifvertrag verankert, es sind ungeschriebene Gesetze, Gesetze der Menschenführung!

Die Befähigung zur Menschenführung entspringt wohl zum großen Teil der Veranlagung eines Menschen. Es gibt so geborene Menschenführer, die sich ganz von einem gewissen Instinkt leiten lassen. Ich vertrete jedoch die Auffassung, daß man die Gesetze der Menschenführung recht wohl auch erlernen kann.

Voraussetzung hierfür ist jedoch stets das Vorhandensein eines stark ausgeprägten Sinnes für Gerechtigkeit. Vorzugsweise Behandlung oder Begünstigung von Mitarbeitern wird immer mit dem Verlust an Autorität und Achtung bezahlt.

In diesem Sinne sind an die Persönlichkeit des jungen Betriebsingenieurs gewisse Anforderungen und Wünsche besonderer Art zu stellen. So ausschlaggebend sich für den gereiften Betriebsingenieur seine Lebens- und Praxiserfahrungen auswirken, so wichtig sind für den jungen Betriebsingenieur zur Gewinnung und richtigen Verwertung eigener Erfahrungen seine fachlichen Vorkenntnisse und seine im Persönlichen liegende Eignung, besonders auch im Hinblick auf die

Aufgaben der Menschenführung. Nach Prof. Friedrich wird alles fachliche Wissen und Können des Betriebsingenieurs erst dann in vollem Maße wirksam, wenn der Charakter einer aufrechten Persönlichkeit seinen Einsatz bestimmt. Das aber bedeutet, daß der Betriebsingenieur weiß, daß es bei allem Schaffen letzten Endes um das Leben geht, um sein eigenes wie um das all derjenigen, in deren betriebliche Gemeinschaft er berufen ist [5].

Zur Menschenführung im weiteren Sinne gehört vor allem auch eine gute Allgemeinbildung und im Zusammenhang damit die innere Klarheit gegenüber den wissenschaftlichen und philosophischen Auffassungen über das „Selbstbewußtsein“ und die „Freiheit“ des Menschen — oder besser noch: das ständige Bemühen um diese Klarheit. Wertvolle Aufsätze dazu findet man in den VDI-Nachrichten unter der Überschrift „An den Wegen der Technik“ (z. B. [6]) sowie in der Zeitschrift „Umschau in Wissenschaft und Technik“ (z. B. [7]) und besonders auch in einer Schriftenreihe von Prof. Dr.-Ing. A. M. Friedrich über „Persönlichkeit und Gemeinschaft im Betrieb“ [5].

Die Technischen Hochschulen und die Ingenieurschulen sind in ihren Ausbildungsplänen für den Maschinenbau bemüht, neben dem „Konstruieren“ als der ursprünglichen Hauptaufgabe des Ingenieurs mit gleicher Gründlichkeit die Fertigungs- und Betriebswissenschaften zu lehren. Dabei bieten sich vorzugsweise dem Hochschulstudenten bei der freien Gestaltung seines Studiums in den höheren Semestern besondere Möglichkeiten, tiefer in die betriebswissenschaftlichen Gebiete einzudringen. So kann er sich ein besonders gutes Rüstzeug verschaffen, um in der Praxis als Betriebsingenieur den auftretenden Problemen auf den Grund zu gehen und einwandfreie Lösungen zu erarbeiten.

Man muß auch bedenken, daß die Einführung der Datenverarbeitung in die Betriebe weitgehende Wandlungen mit sich bringt, die für den Betriebsingenieur mit schwierigen Aufgaben technischer und auch erzieherischer Art verbunden sind. Sie setzen Wendigkeit und Geschicklichkeit und ein wohlfundiertes Wissen voraus [8]. Lehrlinge und Jungarbeiter lernen es schnell, an Maschinen mit numerischer Steuerung zu arbeiten, aber für die älteren Arbeiter ist es schwierig, sich umzustellen und hier ist es der Betriebsingenieur, der ihnen helfen und sie möglichst auch in ihrer inneren Einstellung für die neuen Fertigungsverfahren gewinnen muß.

23. Weckung des Arbeitswillens. Die grundsätzliche Aufgabe, die dem Betriebsingenieur bezüglich der Betreuung der Gefolgschaft gestellt ist, besteht darin, den Arbeitsfrieden zu sichern und bei der Gefolgschaft den guten Willen zur Mitarbeit zu wecken. Fragen wir uns, was der Arbeiter im Grunde genommen will, so müssen wir diese Frage zunächst beantworten: Er will — wie der Mensch jedes anderen Berufes auch — Geld verdienen. Gewiß! Und um Geld zu verdienen, muß er eben arbeiten! Dieses Muß jedoch wird häufig sehr hart empfunden, so hart, daß das ganze Innere eines Menschen sich dagegen auflehnt — und zwar nicht allein beim einfachen Arbeiter! Und hier setzt das Können der Menschenführung ein: nicht nur dem Muß die Härte zu nehmen, sondern grundsätzlich die Muß-Empfindung gänzlich zu verdrängen und an ihre Stelle das Wollen zu setzen. Da ich den größten Wert darauf lege, richtig verstanden zu werden, möchte ich ein kleines Beispiel anführen.

Ich wollte mir in meinem Garten einen kleinen Feuerlöschteich anlegen. Hierzu mußten 5 Kubikmeter Erdreich ausgehoben werden. Als ehemaliger Artillerist bewältigte ich diese Arbeit in genau 5 Stunden, schaffte also pro Stunde einen Kubikmeter Erdreich.

In meinem Werk sollte ebenfalls ein Feuerlöschteich angelegt werden, mit dessen Aushebung Kriegsgefangene beauftragt wurden. Als Arbeitsleistung legte ich von vorneherein 0,25 Kubikmeter pro Kopf und Stunde zugrunde. Es handelte sich zwar ebenfalls um leicht bearbeitbares Erdreich, ich legte jedoch diese geringe Arbeitsleistung mit der Überlegung fest, wieviel ich wohl selbst als Kriegsgefangener bereit wäre, zu leisten. Als dann der Feuerlöschteich endlich fertig war, stellte sich die Leistung je Kopf und Stunde mit 0,09 Kubikmeter heraus!

Es ist dies wohl ein besonders krasser, jedoch sehr lehrreicher Fall! Aber ist es nicht so, daß mancher Arbeiter oder auch Angestellter sich oft wie ein Gefangener behandelt fühlt?

Es ist nun richtig, daß ein derartiger Leistungsabfall zuweilen gewaltsam verhindert werden kann. Eine derartige Maßnahme ist z. B. die Einführung von Akkordarbeit. Aber da besteht wieder in den meisten Fällen die sehr große Schwierigkeit der wirklich richtigen Akkordpreisermittlung. Der Akkord ist also häufig nur ein sehr unvollkommenes Mittel, eine Bestleistung zu sichern. Beim Zeitlöhner hingegen ist die Leistung in noch weit stärkerem Maße vom guten Willen des Arbeiters abhängig.

Wie bereits erwähnt, besteht die Fähigkeit eines Menschenführers darin, Arbeitsfreudigkeit und Arbeitswillen zu wecken. Leider verfügen wir nicht über exakte Zahlen, die den Unterschied in der Leistung bei mangelhafter Menschenführung einerseits und vorbildlicher Menschenführung andererseits klar vor Augen führen könnten. Ich persönlich konnte jedoch häufig genug Leistungssteigerungen — und dies bei Akkordarbeiten (!) — von über 50% feststellen, die ausschließlich auf ein richtiges Verstehen, Behandeln und Führen der Gefolgschaft zurückzuführen waren!

24. Innere Einstellung zum Arbeiter. Im Betrieb gibt es keine Gesellschaftsordnung, sondern nur eine Arbeitsordnung! Die einzelnen Menschen unterscheiden sich nur in der Art der Aufgaben, die ihnen zuteil wird. Und jeder Mensch ist ein gleichberechtigtes Mitglied der Arbeitsgemeinschaft. Die gleiche Behandlung, die der junge Betriebsingenieur von seinem Vorgesetzten beansprucht, verlangt auch der Arbeiter von ihm. Der Arbeiter erwartet Achtung und Beachtung, die ihm als Mitarbeiter in vollstem Maße auch zukommt. In dieser Beziehung ist der Arbeiter außerordentlich feinfühlend. Er kennt sehr wohl den großen Unterschied zwischen der taktischen höflich-wohlwollenden Behandlung — die ihm zuwider ist — und der wahrhaftigen Kameradschaft. Wer sich nur ein wenig Mühe macht, in das Innere des Arbeiters zu schauen und einige Jahre Hand in Hand mit ihm zusammen arbeitet, dem fällt es auch gar nicht schwer, ihm gegenüber wahre Kameradschaft zu empfinden — im Gegenteil: er findet diese ganz selbstverständlich!

Zwischen Kameraden ist ein Befehlen nicht angebracht. Ist eine Anordnung zu treffen, dann kann die entsprechende Aufforderung durchaus auf die bescheidenere Form der Bitte gebracht werden.

Es schadet auch bestimmt nicht, gelegentlich den Arbeiter um seine Ansichten zu befragen. Erstens freut sich der Arbeiter darüber, daß man ihn zu Rate zieht, und zweitens ist dieser Rat meist sehr nützlich — vor allem ehrlich!

Am empfindlichsten ist der Arbeiter in der Bewertung seiner Person!

25. Auswirkung der gerechten Entlohnung. Allerdings spielt beim Arbeiter die Lohnfrage auch stets eine Hauptrolle. Vor allem werden die Zeitlöhner — wir wollen es ganz offen aussprechen — sehr häufig nicht gerecht bezahlt, zählen zu ihnen doch auch die höchstqualifizierten Werkzeugmacher, Einrichter, Vorarbeiter und Spezialisten. Diese werden jedoch nicht bei jeder Gelegenheit Anträge auf Lohnerhöhung stellen — Nein! Aber sie sind unzufrieden, daß man ihnen nicht freiwillig jenen Lohn gibt, der ihnen zusteht!

Hier liegt also eine wichtige Aufgabe des Betriebsingenieurs: die Lohnhöhe rechtzeitig freiwillig der Leistung anzupassen und nicht abzuwarten, bis Unzufriedenheit, Gleichgültigkeit oder gar Haßgefühle aufkommen. Mancher unkluge Geschäftsmann wird hierzu sagen: Aber ich werde doch nicht einen Lohn erhöhen, wenn noch nicht einmal ein Antrag auf Erhöhung vorliegt! Diese Ansicht ist nicht richtig! Wird auch ein solcher Antrag meist nicht gestellt, so liegt er doch in stummer Art vor und findet seinen Ausdruck in sprechenden Symptomen. Diese Symptome wahrzunehmen und richtig zu deuten, ist Aufgabe des Menschenführers!

Es ist keine Seltenheit, daß eine Erhöhung des Stundenlohnes um nur 5% eine Leistungssteigerung von 50% zur Folge hat. Für wen also ist eine Lohnerhöhung von Vorteil? Für den Empfänger wohl, für die Firma jedoch meist in viel größerem Maße!

26. Korrekte Akkorde. Bei Akkordarbeit hingegen sollte man annehmen, der Akkordarbeiter habe es selbst in der Hand, sich durch entsprechenden Fleiß einen angemessenen Verdienst zu sichern. Aber auch bei Akkordarbeit ist die Leistung zuweilen ebenfalls in recht beachtlichem Maße vom guten Willen des Akkordarbeiters abhängig! Und hier liegt für den Betriebsingenieur ein neues, großes Aufgabengebiet, das allerdings ein längeres Studium erfordert.

Grundsätzlich ist Akkordarbeit eine einfache, klare und für beide Teile auch vernünftige Angelegenheit — in der Theorie! Für die Erledigung eines bestimmten Arbeitspensums wird ein bestimmter Preis festgesetzt und nun sagt man dem Arbeiter: Dies hier ist der Preis für die Einheit und nun hängt es von deinem Fleiß, deiner Geschicklichkeit ab, welchen Verdienst du bei dieser Arbeit erzielst!

Leider aber zeigt sich in der Praxis, daß die Anwendung des Akkordsystems nur bei restloser Erfüllung gewisser Voraussetzungen mit tatsächlichem Erfolg für beide Akkordvertragspartner verbunden ist. Werden diese Voraussetzungen nicht erfüllt, dann erwachsen insbesondere der Firma unter Umständen durch die Einführung des Akkordsystems große Verluste.

Es liegt ganz in den Händen der Firma — der Vorkalkulation und des Betriebsingenieurs — und nicht in der Hand des Arbeiters, die Vorteile des Akkordsystems sich und dem Arbeiter zu sichern.

Die erste Voraussetzung ist, die Höhe des Akkordpreises tatsächlich der möglichen Leistung eines Durchschnittsarbeiters korrekt anzupassen, so daß also ein Arbeiter durchschnittlicher Leistungsfähigkeit bei gutem Willen wirklich einen gewissen Akkordüberverdienst über seinen Tarifstundenlohn hinaus zu erzielen vermag. In dieser Beziehung wird von mancher Firma schwer gesündigt, indem sie die Akkorde so tief ansetzt, daß der Durchschnittsarbeiter mit dem besten Willen nicht in der Lage ist, den durch Akkordarbeit in Aussicht gestellten Überverdienst zu erzielen. Dadurch befällt den Arbeiter eine gewisse Mutlosigkeit, wodurch seine Leistung natürlicherweise abfällt.

Die zweite — eigentlich selbstverständliche Voraussetzung ist, daß die Firma den Akkordvertrag auch einhält! Auch dies ist häufig genug nicht der Fall! Verdient z. B. ein besonders geschickter und flinker Arbeiter unter Einsatz seines vollen Könnens in Akkord etwa das Doppelte gegenüber dem Durchschnittsarbeiter, dann sagt die Firma zuweilen: Halt! So war das nicht gemeint, soviel dürfen Sie nicht verdienen! Die Firma setzt dann nachträglich den Akkordpreis herab, oder aber sie setzt zumindest den Akkordpreis für die Wiederholung der Arbeit tiefer.

Ein solches Vorgehen der Firma ist unfair, ungesetzlich und sehr unklug! Sie schadet sich in höchstem Grade selbst, denn hohe Akkordüberverdienste — die Richtigkeit des Akkordpreises natürlich vorausgesetzt — sind für die Firma selbst von großem finanziellem Vorteil (Umsatzsteigerung, Senkung des Gemeinkostensatzes!).

Die dritte Voraussetzung für die Rentabilität der Einführung des Akkordsystems ist jedoch die Gewißheit, daß der Akkordarbeiter die in einem Akkord liegende Verdienstmöglichkeit auch restlos ausnutzt. Auch dies ist meist nicht der Fall! Ist es nicht ganz natürlich, daß der Akkordarbeiter sich mit einem gewissen bescheidenen Akkordüberverdienst zufrieden gibt und bewußt auf die volle Ausnutzung eines Akkordes verzichtet, weil er darauf gefaßt sein muß, daß ihm bei Hergabe der vollen Leistung der Akkordpreis gekürzt wird?

Das Zurückhalten mit der Leistung ist jedoch insbesondere für die Firma, wie bereits angedeutet, von sehr großem Nachteil.

Aufgabe des Betriebsingenieurs ist es nun, das Zurückhalten mit der vollen Leistung abzustellen. Und zu diesem Zweck muß er zwischen sich und der Gefolgschaft ein wahres Vertrauensverhältnis schaffen! Er erreicht das, wenn er saubere und korrekte Akkordverhältnisse schafft. Er überwache scharf, daß dem Akkordarbeiter kein Unrecht zugefügt werde, setze sich für eine gerechte Festsetzung der Akkordpreise, sowie für die volle Auszahlung des erzielten Akkordüberverdienstes ein! Er ermutige die Akkordarbeiter, nach Möglichkeit höher zu verrechnen und garantiere die volle Auszahlung und die Unabänderlichkeit des Akkordes.

Das bedingt allerdings zuweilen einen Kampf mit der Vorkalkulation und einen Kampf nach oben! Für eine korrekte Sache darf und muß man sich jedoch nach jeder Seite hin einsetzen. Außerdem geht es hier nicht allein um Korrektheit, sondern um wertvolle wirtschaftliche Reserven, die mobil gemacht werden sollen!

Ich möchte jedoch nicht mißverstanden werden! Ich will damit keinesfalls raten, sich bei der Belegschaft lieb Kind zu machen durch eine generelle Erhöhung der Löhne! Wenn ich hier immer wieder davon spreche, daß der Betriebsingenieur korrekt sein soll, so bezieht sich das nicht nur auf sein Verhalten dem Arbeiter, sondern selbstverständlich auch der Firma gegenüber, wie Korrektheit grundsätzlich Neutralität voraussetzt.

Die Regelung und Überwachung der Lohn- und Akkordverhältnisse ist eine der dankbarsten Aufgaben des Betriebsingenieurs. Doch wird von ihm nicht verlangt, daß er sich bereits zu Beginn seiner Tätigkeit mit diesem schwierigen Problem befaßt. Vorliegende Andeutungen mögen ihn jedoch dazu anregen, frühzeitig diesbezügliche Beobachtungen anzustellen. Im Lauf der Jahre wird er sich dann auch schon einschalten können.

Zur Betreuung der Gefolgschaft gehören indessen noch manche andere Verpflichtungen dem Arbeiter gegenüber.

27. Richtiger Einsatz des Arbeiters. Da ist z. B. die äußerst wichtige Aufgabe, sich laufend davon zu überzeugen, ob auch jeder Arbeiter seinem Können entsprechend richtig eingesetzt ist. Unter richtigem Arbeitseinsatz versteht man die Zuweisung einer bestimmten Arbeit an den Mann, der für die Durchführung dieser Arbeit sein ganzes Können, seine Kenntnisse, seine Erfahrung, seine Geschicklichkeit und Gewissenhaftigkeit voll zur Entfaltung zu bringen vermag. So wird man einen hochqualifizierten Arbeiter nicht mit einer einfachen Bohrarbeit beschäftigen oder einen erfahrenen Präzisionsdreher nicht an eine Revolverdrehbank für einfache Massenteile stellen. Der junge Betriebsingenieur tut daher gut daran, wenn er die einzelnen Arbeiter immer wieder befragt: Sagt Ihnen diese Arbeit zu, oder möchten Sie es nicht einmal mit dieser oder jener schwierigeren und auch besser bezahlten Arbeit versuchen? Umgekehrt stellt man zuweilen fest, daß ein Arbeiter versagt, weil er den Anforderungen, die an die ihm zugewiesenen Arbeit gestellt werden, einfach nicht gewachsen ist. Man verurteile ihn deswegen nicht, sondern befrage ihn, ob er nicht lieber eine andere Art von Arbeit vorziehe, die er dann unter Umständen ganz hervorragend auszuführen imstande ist. Ebenso findet man zuweilen Akkordarbeiter, die nur ganz geringe Akkordüberverdienste erzielen, weil ihnen die Arbeit nicht liegt. Man befrage sie, mit welcher anderen Art von Arbeit sie glauben, höhere Verdienste erzielen zu können. Wie manchen Arbeiter gibt es, der an einen anderen Arbeitsplatz versetzt werden möchte, der es aber in seiner Schüchternheit oder Bescheidenheit nicht wagt, um eine Versetzung zu bitten. Also muß man ihm entgegenkommen und ihn fragen.

Es schadet bestimmt nichts, wenn man seine Arbeiter oder auch seine Meister gelegentlich fragt, ob sie nicht irgendeinen geheimen Wunsch haben. Zur Betreuung seiner Gefolgschaft gehört es nun einmal, die Zungen etwas zu lockern, um so zu erfahren, wo der Schuh drückt. Diese Fragen sollen sich jedoch nicht nur auf den Arbeitseinsatz beziehen!

28. Vorteil eines Vertrauensverhältnisses zum Arbeiter. Es ist nicht möglich, hier alle Wünsche aufzuführen, die aus der Belegschaft kommen. Zuweilen sind sie privater Art, meistens jedoch weisen sie auf gewisse im Betrieb bestehende Mängel hin, und da kann es dem Betriebsingenieur nur lieb sein, wenn er von diesen Mängeln erfährt. So handelt es sich sehr häufig um die Erwähnung von Möglichkeiten, um die Ausführung dieser oder jener Arbeit zu erleichtern. Die Durchführung solcher Erleichterung ist meist mit Vorteilen auch für die Firma verknüpft. Zudem erhält man auf Befragen zuweilen manchen Wink über eine vorteilhaftere, wirtschaftlichere Möglichkeit zu fertigen oder über sonstige Ersparnismöglichkeiten. So gewinnt man den Arbeiter zum willigen, ehrlichen Mitarbeiter auch an den Aufgaben des Betriebsingenieurs. Und diese Mitarbeit ist von nicht zu unterschätzendem Wert sowohl für den Betriebsingenieur als auch für die Firma.

29. Unfallverhütung. Eine wichtige und verantwortungsvolle Aufgabe im Rahmen der Gefolgschaftsbetreuung besteht darin, Maßnahmen zu treffen, um Unfälle zu verhüten. Es bestehen hierüber amtliche Unfallverhütungs-Vorschriften, die in jedem Betriebe vorliegen sollten und mit welchen sich der junge Betriebsingenieur eingehend befassen muß. Zu Beginn seiner Tätigkeit wird man ihm zwar noch nicht die volle Verantwortung für die gewissenhafte Beachtung und Durchführung dieser Vorschriften aufbürden, denn auch dieses Gebiet erfordert ein gewisses Maß von Erfahrung. Es ist jedoch trotzdem empfehlenswert, sich rechtzeitig mit dieser Aufgabe zu befassen. Ereignet sich eines Tages ein schwerer Unglücksfall, dann wird nach dem Schuldigen gesucht, der verantwortlich zu machen ist. Und wie es nun einmal im Leben zugeht, schließlich heißt es dann: Darauf hätte aber auch der junge Betriebsingenieur achten müssen! Und gerade auf diesem Gebiet ist besondere Vorsicht geboten, da der Schuldige — unter Umständen also auch der Betriebsingenieur — persönlich haftbar gemacht werden kann, wenn er es nachweisbar versäumte, Vorkehrungen zur Verhütung des Unfalles zu treffen. Ein solches Vergehen wird mit Freiheitsstrafen geahndet.

Hier ist es am Platze, Verantwortung zu übertragen! Es kann das z. B. wie folgt geschehen: In regelmäßigen Zeitabständen macht der Betriebsingenieur in einer schriftlichen Mitteilung an seine Meister oder aber auch in einem allgemeinen Anschlag auf die Notwendigkeit der strikten Befolgung der Unfallverhütungsvorschriften aufmerksam und fordert dazu auf, ihn unverzüglich auf bestehende Unfallgefahren schriftlich aufmerksam zu machen. Erfährt er so von irgendwelchen Unfallgefahren, ist er selbstverständlich gezwungen, deren Beseitigung sofort zu veranlassen. Erhält er jedoch keinen derartigen Hinweis und es ereignet sich trotzdem ein Unglücksfall, so ist er durch seine schriftliche Aufforderung zur Meldung der Unfallgefahren zum mindesten teilweise gedeckt.

Selbstverständlich handelt es sich hier jedoch nicht nur darum, sich persönlich vor den Folgen eines Unglücksfalles zu bewahren! Vielmehr lautet die primäre Aufgabe, Unfallgefahren tatsächlich zu beseitigen, jeden Menschen seiner Gefolgschaft aus wirklicher Nächstenliebe zu schützen. Das ist eine Aufgabe, die mit ein wenig Aufmerksamkeit nicht allzu schwer durchzuführen ist. Man sollte sich ihrer jedoch von Zeit zu Zeit erinnern!

In manchen Betrieben allerdings sind die Unfallgefahren groß und die Vorkehrungen zu deren Beseitigung so kostspielig, daß man hofft, auch ohne diese auskommen zu können. In einem solchen Falle schiebe der Betriebsingenieur die Verantwortung schriftlich seiner vorgesetzten Dienststelle zu!

Wesentlich ist hier, daß der junge Betriebsingenieur der ganzen Frage die erforderliche Aufmerksamkeit zukommen läßt!

C. Betreuung des Betriebes und seiner Einrichtungen

30. Statistik als Hilfsmittel. Der Wert eines Schaubildes, einer statistischen Aufzeichnung ist allgemein bekannt. Nun wird zwar kaum irgend jemand vom Betriebsingenieur statistische Aufstellungen verlangen. Es wird vielmehr von ihm nur erwartet, daß er über alle Dinge und Verhältnisse in seinem Betrieb genaue Auskunft geben kann. Zuweilen ist es jedoch recht schwierig, die Entwicklung und den Wandel von Untersuchungsergebnissen, die nun einmal regelmäßig ermittelt und einander gegenübergestellt werden müssen, stets so genau im Gedächtnis zu bewahren, daß man auf Befragen hin sofort eine zuverlässige Auskunft zu geben vermag. Andererseits macht es einen sehr schlechten Eindruck, wenn ein Betriebsingenieur über Dinge und Verhältnisse in seinem Betrieb nicht genauestens unterrichtet ist. Denn man fragt dann ganz zu Recht: Wie kann man einen Betrieb führen, ohne dessen Verhältnisse zahlenmäßig klar zu überblicken?

Der junge Betriebsingenieur erhält z. B. Besuch von seinem Direktor und einem Gast. Der Betrieb soll besichtigt werden und der Betriebsingenieur soll führen. Bei dieser Gelegenheit werden dann immer viele Fragen gestellt:

Wieviele Arbeiter sind in ihrem Betrieb beschäftigt?

Wieviele arbeiten in der ersten, zweiten, dritten Schicht?

Wieviele Maschinen sind vorhanden? Wie ist deren Besetzung während der drei Schichten?

Wie hoch ist prozentual der Ausfall an Arbeitskräften durch Krankheit?

Steigt oder fällt dieser Prozentsatz?

Wie hoch ist der Ausfall von Werkzeugmaschinen durch Reparaturen? Und durch Umrichtearbeiten?

Wie hoch liegt der durchschnittliche Stundenlohn — und Akkordlohn? Wie entwickelt sich die Lohnkurve?

Wie groß ist der Ausschußprozentsatz? Welche Maschinengruppe hat den höchsten Ausschuß?

Wie groß ist die durchschnittliche Materialdurchlaufzeit?

Wie hoch ist die Ausbringung? In Stück, Gewicht, Wert? Wie hoch bezogen auf den Kopf der Belegschaft?

Wie hoch ist der Verbrauch von: Schneiddiamanten, Abziehdiamanten, Hartmetall, Schneidölen, Schleifscheiben, Preßluft u. dgl.?

Je nach Dauer einer Betriebsbesichtigung erfährt die Anzahl solcher Fragen eine weitere Fortsetzung. Und nun stelle man sich vor, der betreffende Betriebsingenieur wäre nicht in der Lage, auf derartige Fragen klare Antworten zu geben! Der Direktor würde sich denken: So eine Schlafmütze! Unter uns gesagt, kommt es in solchen Fällen zuweilen nicht darauf an, wirklich haargenaue Zahlen anzugeben, es genügt durchaus, wenn diese den ungefähren Tatsachen entsprechen. Hauptsache ist, sich durch keine Frage verblüffen zu lassen und den Eindruck zu erwecken, daß man sich mit diesen Fragen eingehend befaßt.

Es ist jedoch tatsächlich unerläßlich, dieser Art von Fragen die größte Aufmerksamkeit zu schenken und nur dann ist man in der Lage, sie glaubwürdig beantworten zu können. Deshalb ist es von größtem Vorteil, sich hierüber statistische Aufzeichnungen zu machen, am besten in Kurven auf Millimeterpapier. Aber auch hier sei darauf hingewiesen, daß der Betriebsingenieur sich nicht selbst mit der Arbeit solcher Aufzeichnungen befassen darf. Er fordert vielmehr z. B. das Lohnbüro auf, ihm laufend Auszüge aus den Lohnlisten zukommen zu lassen, aus welchen Akkordüberverdienste und Stundenverdienste hervorgehen. Zweifellos verfügt er über eine Schreibkraft, die hieraus die interessierenden Werte graphisch festlegt. Die Betriebsbuchhaltung liefert ihm ohnehin monatlich den Betriebsabrechnungsbogen. Auch hieraus werden besonders wichtig erscheinende Zahlen herausgezogen und evtl. graphisch festgehalten. Von der Fertigungskontrolle läßt er sich einen monatlichen Ausschußbericht geben, der von der Schreibkraft ebenfalls in ein Schaubild verwandelt wird. Die Meister werden aufgefordert, täglich die Zahl der An- und Abwesenden, die Zahl der besetzten, unbesetzten, in Reparatur befindlichen Werkzeugmaschinen zu melden. Hieraus werden wiederum übersichtliche Schaubilder erstellt.

Auf die Verfolgung welcher Dinge nun der größte Wert zu legen ist, hängt ganz von der Eigenart des betreffenden Betriebes ab. Auf einige im allgemeinen stets interessierende Fragen, für welche sich die Führung von Schaubildern lohnt, wurde bereits hingewiesen. Aber jeder Betriebsingenieur wird nach kurzer Einarbeitungszeit schon feststellen, welche Fragen sich stets wiederholen und welche Dinge besonders gewissenhaft zu verfolgen sind.

Hier soll nur grundsätzlich darauf hingewiesen werden, wie vorteilhaft die gesamten Betriebsverhältnisse in Schaubildern übersichtlich festgehalten werden können. In manchen Betrieben geben wenige praktische Schaubilder Aufschluß über alle wesentlichen Dinge, die kennzeichnend für den Betrieb sind.

Fehlen jedoch derartige Schaubilder und Statistiken, dann sollte sich der junge Betriebsingenieur mit der Aufgabe befassen, solche nach und nach einzuführen, um dadurch stets das gesamte Betriebsbild übersichtlich vor Augen und damit auch die Möglichkeit zu haben, disponieren zu können.

Die erstmalige Einführung derartiger Aufzeichnungen, die Gestaltung der Pläne, die Wahl der Darstellungsarten mag zunächst einen gewissen Umfang an Arbeit erfordern. Liegen diese Pläne jedoch erst einmal fest, dann erfordert deren laufende Vervollständigung nur ein ganz geringes Ausmaß von Zeit und Arbeit.

Es ist so außerordentlich wichtig, gewisse Zahlen stets vor Augen zu haben, ohne jeweils erst langwierige Ermittlungen anstellen zu müssen, denn letztere erfordern oft sehr viel Zeit. Da aber die zur Verfügung stehende Zeit oft sehr knapp bemessen ist, muß manche wichtige Ermittlung unterbleiben. Das aber kommt wiederum einer lückenhaften Übersicht gleich und daraus folgt lückenhaftes Disponieren. Daher kann dem jungen Betriebsingenieur nicht genug empfohlen werden, durch eine einmalige, vielleicht etwas mühsame Arbeit sich das wichtige Hilfsmittel der Statistik zu sichern.

31. Bedeutung von Instandhaltungsmaßnahmen. Mit der Instandhaltung der gesamten Betriebsanlage öffnet sich ein neuer großer Aufgabenkreis. Ganz allgemein ist hierzu zu bemerken, daß die damit zusammenhängenden Aufgaben allzu häufig vernachlässigt werden. Insbesondere werden die Aufgaben meist zu spät erkannt, oder man entschließt sich zu spät, Maßnahmen zur Instandhaltung zu treffen. Das Zu spät ist immer mit einem effektiven Verlust für die Firma verknüpft, das sollte sich der junge Betriebsingenieur recht gut merken! Grundsatz für jegliche Instandhaltung ist und bleibt: Handeln, solange der Schaden, der Verschleiß, der Fehler noch klein ist! Jeder Betriebsmann kann die häufige Beobachtung bestätigen, daß die Vernachlässigung kleiner Schäden nur allzu oft einen Totalschaden nach sich zieht. Nehmen wir ein typisches Beispiel aus dem täglichen Leben: die Pflege der Zähne. Wie viele Menschen würden sich auch in hohem Alter noch gesunder Zähne erfreuen, hätten sie von Jugend auf stets rechtzeitig den Zahnarzt aufgesucht! Statt dessen erlebten sie es immer wieder: Der Zahn muß raus — Sie kommen zu spät!

So ist auch jene Werksleitung gar nicht zu bedauern, die sich ins eigene Fleisch schneidet, weil sie die erforderlichen Mittel zur Instandhaltung nicht zur Verfügung stellen will oder sich zumindest in dieser Beziehung sehr kleinlich zeigt! Es kostet den Betriebsmann oft genug einen heißen Kampf um diese Mittel, einen Kampf um die Erhaltung der Kapitalanlage! Aber die Einsicht reicht oft nicht aus, daher muß ich den jungen Betriebsingenieur ein wenig darauf vorbereiten, was ihm bei der Erledigung von Instandhaltungsaufgaben unter Umständen bevorsteht.

Es gibt nun in einem Betrieb gar viele Dinge, die instandgehalten, gepflegt werden müssen.

32. Werkzeugmaschinenpflege [9]. Eine Werkzeugmaschine ist im allgemeinen einer sehr hohen, kontinuierlichen Beanspruchung ausgesetzt. Von der Beanspruchung durch die Erfüllung der ihr zugedachten Aufgabe können wir sie nicht befreien, ein gewisser natürlicher Verschleiß ist also nicht zu vermeiden, damit müssen wir uns schon abfinden.

Wir haben es jedoch durchaus in der Hand, diesen Verschleiß in erträglichen Grenzen zu halten. Verschleiß stellt sich insbesondere an aufeinander gleitenden Teilen ein: an Lagern, Schlittenbahnen u. dgl. Befindet sich zwischen diesen aufeinander gleitenden Flächen ein Film des vorgeschriebenen Öles, dann findet praktisch eine Berührung der metallischen Flächen aneinander überhaupt nicht statt, denn zwischen ihnen befindet sich immer der Ölfilm [10]. Theoretisch wäre in einem solchen Falle der Verschleiß gleich Null. Auch in der Praxis hat sich in manchem Falle diese Theorie vollauf bestätigt.

Es läßt sich jedoch nicht vollkommen vermeiden, daß das Schmieröl durch den Fabrikationsprozeß und andere Umstände verunreinigt wird. Feine Späne, vom Verspanungsvorgang herrührend, Staub, Gußstaub, Staub etwa von einer in der Nähe arbeitenden Trockenschleifmaschine in Form von winzigen Schleifscheiben- und Metallteilchen, oder der Staub eines Zementfußbodens — alle diese Dinge verunreinigen das Schmieröl. Und diese Verunreinigungen wirken auf die Gleitflächen wie Schmirgel. Diese also sind es, welche den Verschleiß hervorrufen!

Andererseits verliert das Schmieröl im Laufe der Zeit seine Schmierfähigkeit, muß daher von Zeit zu Zeit erneuert werden. Unter Umständen sind es auch Säuredämpfe — etwa aus einer in der Nähe befindlichen Beizanlage oder galvanischen Anlage —, die sowohl das Schmieröl als auch die metallischen Gleitflächen unmittelbar angreifen — Schmiermittel für Sonderfälle: Molybdänsulfid.

Die gröbste Vernachlässigung liegt dann vor, wenn man es zum Ölmangel kommen läßt. Der besonders geprägte Ausdruck Trockenläufer weist darauf hin, daß dieser höchste Grad der Vernachlässigung eine bekannte Erscheinung ist.

Aus diesen Ausführungen geht also hervor, welche enorm wichtige Bedeutung allein der Aufgabe zukommt, das Schmieröl der Werkzeugmaschinen stets frei von Verunreinigungen und in einem gut schmierfähigen Zustande zu halten. Es ist daher unbedingt zu empfehlen, dieses Schmieröl wenn nicht in kurzen Zeitabständen zu erneuern, so doch abzulassen, zu filtrieren oder zu regenerieren und der Werkzeugmaschine wieder zuzuführen. Eine kleine Öl-Regenerieranlage ist spottbillig und macht sich bereits in wenigen Tagen bezahlt!

Der junge Betriebsingenieur muß sich dessen bewußt sein, daß er der Verwalter eines großen Anlagekapitals ist, das zuweilen in die Millionen geht. Der umsichtige Betriebsingenieur erhält den Wert dieses Kapitals auf Jahre hinaus weit über dem offiziellen Abschreibungswert. Der nachlässige Ingenieur hingegen treibt Raubbau, der Wert seines Maschinenparkes liegt unter dem Abschreibungswert.

Allerdings wird zuweilen eine derartige Leistung des Betriebsingenieurs wenig gewürdigt! Im Gegenteil steht vielleicht ein in diesem Punkte ausgesprochen nachlässiger Ingenieur in höherem Ansehen, weil er es versteht, die Aufwendungen für die Instandhaltung gering zu halten. Es geht das tatsächlich eine Weile, dann aber beginnt die Reparaturquote zu steigen und immer mehr zu steigen, bis man plötzlich einsieht: es wurde versäumt, rechtzeitig einzugreifen, es wurde am falschen Platz gespart!

Zur Ölfrage ist noch zu ergänzen, daß jeweils jenes Öl zu verwenden ist, das für die Maschine vorgeschrieben wird. Auch da lasse man sich niemals auf die Versuche ein, ein wirklich gleichwertiges, aber etwas billigeres Öl zu verwenden. Es kommt nicht auf den Preis, nicht auf die Güte, es kommt nur auf die Eignung des Öles an! In besonders deutlicher Weise tritt dies bei Hydraulik-Ölen zutage!

Und nun wenden wir uns weiteren Aufgaben der Maschinenpflege zu. Dazu fassen wir die allgemeine Behandlung einer Maschine ins Auge, die diese von dem sie bedienenden Arbeiter erfährt. Wir stellen fest, daß sie sehr unterschiedlich ist. Schon äußerlich fallen uns manche Maschinen durch besondere Sauberkeit, andere hingegen durch ihren schlecht gepflegten Zustand auf. Manche alte Maschine erscheint noch wie neu, und manche neue Maschine sieht bereits alt und verrostet aus. Der in diesem Punkt nachlässige Arbeiter muß erzogen werden.

Eine ganz üble Unsitte besteht leider immer noch in der gesamten Industrie: die Verwendung des Hammers an der Werkzeugmaschine. Der Handhammer ist das größte Gift für die Werkzeugmaschine. Dieser Hammer wird dazu verwandt, beim Einspannen des Werkstückes etwas nachzuhelfen, in der Maschine eingespannte Werkstücke zu richten, irgendwelche schwergehende Maschinenhebel mit Gewalt zu betätigen oder sonstwie nachzuhelfen, um die Muskelkraft zu schonen. Zudem werden diese Hämmer meistens auf den Prismen der Maschinen abgelegt, wodurch deren Präzision in kurzer Zeit Schaden leidet. Das Verhängnisvolle bei der Anwendung des Hammers ist die Tatsache, daß häufig genug die Wucht des Hammerschlages in empfindlichen Teilen der Werkzeugmaschine aufgefangen wird, diese Teile jedoch solchen Beanspruchungen nicht gewachsen sind und daher zerstört werden. Wird z. B. eine in der Drehbank eingespannte Welle mit Hammerschlägen gerichtet, dann wird die Wucht des Schlages im Hauptlager, in der Körnerspitze, im Kegel der Reitstockspindel und in der Lagerung der Spindel aufgefangen. Alle diese Teile werden so im Lauf der Zeit zerstört. Diese Unsitte ist so verbreitet und zur Selbstverständlichkeit geworden, daß mir eines Tages ein Dreher, dem ich die weitere Verwendung des Hammers untersagte, einfach kündigte.

Demgegenüber ist es mir jedoch immer gelungen, die Anwendung des Hammers bei der üblichen Bedienung einer Werkzeugmaschine auszuschließen. Es geht also durchaus ohne Hammer! Und damit ist die Werkzeugmaschine von einem Todfeind befreit!

An der Abwicklung eines Bearbeitungsvorganges auf einer Werkzeugmaschine — sagen wir an einer Verspanungsmaschine — läßt sich am einfachsten der Zustand dieser Maschine feststellen. Grundsätzlich soll der Verspanungsvorgang sich ruhig, d. h. ohne ein Pfeifen, Singen, Rattern oder ähnliche Geräusche abspielen. Diese Geräusche sind der Ausdruck von Schwingungen. Schwingungen jedoch sind von stark zerstörender Wirkung auf die Werkzeugmaschine und auf die Oberflächengüte der Werkstücke! Es muß daher unter allen Umständen versucht werden, diese Schwingungen unmöglich zu machen.

Häufig liegt ihre Ursache in einer zu wenig starren Einspannung des Werkzeuges oder des Werkstücks. Ergibt die Untersuchung, daß die Ursache hierin nicht liegt, dann ist sie im Zustand der Werkzeugmaschine zu suchen. Wir finden dann auch meistens, daß entweder die Spindellagerung, die Schlittenführung oder die Werktischführung zu viel Lose aufweisen. Dann müssen diese Losen beseitigt oder aber die Maschine muß gründlich überholt werden.

Wir wollen uns jedoch nicht in Einzelheiten verlieren, sondern die Frage der Werkzeugmaschinenpflege generell zu lösen versuchen. Es soll gar nicht erst dazu kommen, daß sich die Anzeichen einer erforderlichen Reparatur oder Überholung bemerkbar machen. Wir wollen im Gegenteil die Maschinen so pflegen, daß wir vor Überraschungen bewahrt bleiben.

33. Zweckmäßige Organisation der Werkzeugmaschinenpflege. Zu diesem Zweck bringen wir ein ganz bestimmtes System in die Maschinenpflege. Wir arbeiten einen Werkzeugmaschinen-Instandhaltungsplan aus. Wir können das auf einem großen Papierbogen tun, vorteilhafter jedoch benutzen wir das Kartensystem, sehen also für jede Werkzeugmaschine eine Karte vor [11]. In vorbildlich eingerichteten Betrieben ist ohnehin meistens eine Werkzeugmaschinenkartei vorhanden, auf deren Kartenblättern für die jeweilige Werkzeugmaschine Abmessungen, Leistungen, Größe und Gewichte der zu bearbeitenden Werkstücke und sonstige technische Daten sowie oft auch Art und Umfang der bisher ausgeführten größeren Reparaturen vermerkt sind. Es dürfte zweckmäßig sein, diesen Karten die entsprechenden Karten für die Instandhaltung beizuheften.

Auf jeder dieser Karten tragen wir dann das jeweilige Datum für die zukünftig auszuführenden Instandhaltungsmaßnahmen ein: Ölreinigung, Ölwechsel, Hauptspindellagerung nachstellen, Schlittenführungen nachstellen, Getriebe auseinandernehmen und nachprüfen, der Generalüberholung zuführen usw. usw. Entsprechend der Verschiedenheit der Maschinen und der Verschiedenartigkeit ihrer Beanspruchung ist für jede Maschine ein besonderes Instandhaltungsprogramm festzulegen.

Alsdann werden die einzelnen vorgesehenen Instandhaltungsarbeiten von sämtlichen Karten auf eine Liste übertragen, und zwar in der Reihenfolge der für die verschiedenen Arbeiten und verschiedenen Maschinen festgelegten Zeitpunkte. Die Liste sagt also täglich aus, welche Arbeiten an welchen Maschinen auszuführen sind. Sie geht an die Werkzeugmaschinenreparaturwerkstatt, die mit der Ausführung der Arbeiten betraut wird, ein Durchschlag geht an den Abteilungsmeister. Die Erledigung der vorgeschriebenen Arbeiten wird auf der Liste vermerkt. Und schon läuft die Maschinenpflege automatisch!

Es ist dann allerdings darauf zu achten, daß die vorgesehenen Maßnahmen auch pünktlich durchgeführt werden. Außerdem hat man sich dauernd von der sachgemäßen Behandlung der Maschinen zu überzeugen.

Es genügt wohl, das Prinzip der Lösung dieser wichtigen Aufgabe anzudeuten, dessen zweckmäßige Ausarbeitung jedem Betriebsingenieur selbst überlassen werden muß — entsprechend eben der Eigenart seines Betriebes. Im übrigen werden in ein solches Instandhaltungsprogramm auch alle Maschinenanlagen, Industrieöfen, Hebezeuge, Krananlagen (Abschmierplan), Aufzüge, Preßluft-, Hydraulik-, Wasser-, Gasanlagen, elektrische Anlagen u. dgl. mehr aufgenommen.

34. Werkzeugpflege [4]. Werkzeugmaschinen und Maschinenanlagen sind Bestandteile des Anlagekapitals — sogenannte langlebige Güter. Durch ihre Pflege suchen wir also den Wert des Anlagekapitals zu erhalten.

Im Gegensatz hierzu zählen Werkzeuge zu den kurzlebigen Gütern, sie sind nicht Bestandteile des Anlagekapitals; ihr Verbrauch wird vielmehr dem Kunden anteilmäßig in Rechnung gestellt. Nun darf man sich darüber nicht freuen: der Kunde bezahlt ja alles!, sondern muß bedenken, daß hoher Werkzeugverbrauch den Verkaufspreis des Erzeugnisses erhöht. Ein hoher Verkaufspreis indessen bedingt Rückgang der Auftragseingänge. Das muß der junge Betriebsingenieur wissen.

Im übrigen stellt der Werkzeugverbrauch wertmäßig einen mindestens ebenso wichtigen Faktor dar, wie etwa jener der Maschinenpark-Kosten. Und leider muß gesagt werden, daß — von wenigen Ausnahmen abgesehen — dem Werkzeugverbrauch nur eine erschreckend oberflächliche Aufmerksamkeit zuteil wird.

Im Betriebs-Abrechnungsbogen lesen wir in jedem neuen Monat unter der Rubrik: Werkzeugkosten eine Zahl in DM. Was besagt schon diese eine Zahl!? Die Betriebsbuchhaltung erfüllt damit ihre Aufgabe, die darin besteht, jeweils die Summen auflaufender Kostenarten zu ermitteln. Der Betriebsingenieur jedoch sollte sich nicht allein darauf beschränken, von Monat zu Monat sein Augenmerk auf diese Summenzahl zu lenken! Damit hat er nämlich seine Pflicht noch nicht getan! Ein gewissenhafter Betriebsingenieur läßt sich vielmehr von der Betriebsbuchhaltung die Zusammensetzung dieser Summe, bzw. sämtliche Unterlagen, aus welchen diese Summe errechnet wurde, vorlegen. Ist die Zustellung dieser Unterlagen zuweilen nicht durchführbar, so sucht er eben die Betriebsbuchhaltung auf, um an Ort und Stelle Einblick in diese Unterlagen zu nehmen. So erst kann er die notwendige Übersicht gewinnen und wird sehr oft über die einzelnen

Posten höchst überrascht sein. Nur so kann er erfahren, wo er den Hebel anzusetzen hat. Gefühlsmäßig war er zuvor der Meinung, daß die besonders teuren Werkzeuge wie Abziehdiamanten, Schneiddiamanten, Hartmetallwerkzeuge für die Höhe der angeführten Kosten ausschlaggebend seien. Unter Umständen zeigt ihm jedoch jene Zusammenstellung, daß diese eine untergeordnete Rolle spielen, daß vielmehr die Großzahl einfacher Werkzeuge den Ausschlag gibt.

Auf jeden Fall ist es Aufgabe des Betriebsingenieurs, sich unbedingt Gewißheit über die Zusammensetzung der Werkzeugkostensumme zu verschaffen. Das muß nicht gerade in jedem Monat sein, aber doch in regelmäßigen Zeitabständen.

Wenn wir hier von Werkzeugpflege sprechen, so weist der monatlich ermittelte Werkzeugverbrauch auf das Ergebnis unserer Maßnahmen bezüglich der Werkzeugpflege hin.

Ich selbst war in vielen Betrieben tätig und es gelang mir immer wieder, den Werkzeugverbrauch gewaltig zu senken — um 50% und noch viel mehr! Ich erlaube mir diesen Hinweis, um dem jungen Betriebsingenieur vor Augen zu führen, welche enormen Ersparnisse auf diesem Gebiet allein durch die hier erforderliche Aufmerksamkeit und Gründlichkeit zu erzielen sind! Und hierin liegt nämlich die Aufgabe des jungen Betriebsingenieurs: im Aufwand von Aufmerksamkeit und Gründlichkeit!

Was verstehen wir nun unter Werkzeugpflege?

Zunächst besteht diese in der sachgemäßen Anwendung, dann aber in der Instandhaltung, vor allem in der sehr häufig sich wiederholenden Schärfung des Werkzeugs.

Die sachgemäße Anwendung eines Werkzeuges besteht einmal in der Wahl des richtigen, d. h. ihm zugedachten Verwendungszweckes. In der Regel ist dieser Verwendungszweck um so mehr eingeschränkt, je hochwertiger das Werkzeug ist. Diese Einschränkung bezieht sich auf den Grad der Bearbeitbarkeit eines Materials, auf die Materialart selbst und auf die Art und den Zustand der Werkzeugmaschine.

Weiter ist zuweilen die Zuverlässigkeit der Einspannmöglichkeit des Werkzeuges von nicht zu unterschätzender Bedeutung. Ein nicht solid und starr eingespanntes Werkzeug wird unter Umständen schnell zerstört. Ebenso ist für die Lebensdauer eines Werkzeuges unter Umständen die Wahl des Schneid- oder Kühlmittels ausschlaggebend! Man verwende stets das jeweils am besten geeignete Kühlöl für das Werkzeug. Abgesehen von der Schonung des Werkzeugs erhöhen wir dadurch seine Leistung ganz gewaltig! Der Preis des Kühlöls spielt also eine gänzlich untergeordnete Rolle!

Selbstverständlich ist auch die Anwendung der richtigen Schnittgeschwindigkeiten und Vorschübe für die Lebensdauer eines Werkzeuges Voraussetzung. Dabei ist nicht gesagt, daß stets kleine Schnittgeschwindigkeiten und Vorschübe für das Werkzeug von Vorteil sind. Es gibt im Gegenteil Werkzeuge — z. B. jene aus Hartmetall —, die bei einer zu geringen Spanleistung sich relativ und auch absolut viel schneller abnutzen.

Einer wichtigen Tatsache, die in ihrer Tragweite noch zu wenig bekannt ist und welcher noch viel zu wenig Beachtung geschenkt wird, ist die starke Verkürzung der Lebensdauer der Werkzeuge ganz allgemein zuzuschreiben! Es ist die Tatsache, daß elastische Nachgiebigkeit das stärkste Gift für das Werkzeug bedeutet, sei es nun, daß das Werkzeug oder das Werkstück zu wenig starr oder zu lang herausragend eingespannt wird, Spannelemente oder Vorrichtung oder die Werkzeugmaschine zu elastisch, d. h. zu schwach gewählt werden, oder aber daß eine an sich ausreichend kräftige Werkzeugmaschine in der Lagerung der Hauptspindel und in den einzelnen Schlittenführungen zuviel Spiel hat — alle diese Mängel geben dem Werkzeug die Möglichkeit, im Schnitt auszuweichen, zu pendeln, zu schwingen. Diese Erscheinungen bewirken ein vorzeitiges Stumpfwerden des Werkzeuges, da sie einer zusätzlichen Beanspruchung des Werkzeuges gleichkommen, und zwar in der Form des Quetschens oder Drängens der Werkzeugschneide oder in Schwingungsstößen auf die Schneide. Diese Kräfte wirken nicht in der Richtung der spanabhebenden Kraft, sondern etwa quer hierzu und zerstören also von den Seiten her die Werkzeugschneide.

Der junge Betriebsingenieur soll sich jedoch selbst von dieser Tatsache überzeugen, indem er z. B. die gleiche Fräsarbeit einmal auf eine leichte oder überholungsbedürftige und dann auf eine kräftige, womöglich noch neuere Fräsmaschine nimmt und dann die Standzeit des Fräsers beobachtet!

Diesem Umstand kommt eine große wirtschaftliche Bedeutung zu und es ist geradezu erstaunlich, daß er kaum je erwähnt wird. Es ist schließlich einer Erwähnung wert, wie man die jährlichen Fräserkosten von unter Umständen 50 000 Mark auf etwa 20 000 Mark[3]) ermäßigen kann.

Bestandteil der Werkzeugpflege ist selbstverständlich auch der allgemein sorgfältige Umgang mit dem Werkzeug. Deshalb darf es am Arbeitsplatz nicht an Einrichtungen zum sorgfältigen Ablegen und Aufbewahren der Werkzeuge fehlen. Werkzeugspinde und -Schubläden sind in ordnungsgemäßem Zustande zu halten. Werkzeug soll nicht geworfen werden, insbesondere sind die Schneiden der Werkzeuge vor Stößen zu bewahren. Die Schneiden besonders hochwertiger Werkzeuge sind mit Schutzkappen zu versehen. Doch diesbezügliche Schutzmaßnahmen zu treffen, muß schon jedem Betriebsingenieur überlassen werden.

Mit ausschlaggebend für die Höhe des Werkzeugverbrauchs ist das Nachschleifen, das Wieder-Schärfen der Werkzeugschneiden, nachdem diese durch die Erfüllung ihrer Aufgaben stumpf geworden sind. Und da sind gewisse Regeln sorgfältig zu beachten.

Zunächst erhebt sich die Frage: Wann, d. h. bei welchem Grade der Stumpfheit ist ein Nachschleifen angebracht?

Wenn es hierfür vielleicht auch keine zahlenmäßige Norm gibt, zumal die Abmessungen der Werkzeuge sehr unterschiedlich sind, so kann man doch als Regel den Zeitpunkt für das Nachschleifen dann als gekommen ansehen, wenn man mit bloßem Auge erkennen kann, daß die Schneide des Werkzeuges beginnt, Zerstörungserscheinungen aufzuweisen. Zwar würde das Werkzeug in dieser Verfassung weiterhin, anscheinend sogar ohne Nachteile, verwendbar sein und seine Standzeit vielleicht auf das Doppelte erquält werden können. Nach einer derart übermäßigen Beanspruchung ist jedoch die Schneide dann dermaßen zerstört, daß sie nur durch das Fortschleifen einer großen Menge kranken Schneidenmaterials wieder instandgesetzt werden kann. Weist z. B. eine Schneide nach einer Standzeit von 3 Stunden bereits leichte Zerstörungserscheinungen auf, dann genügt es, sie durch Abschleifen einer Schicht von 0,1 bis 0,2 mm Stärke wiederum scharf zu schleifen. Belassen wir dieses Werkzeug jedoch 6 Stunden in der Maschine, dann muß man von der Schneide eine Schicht von etwa 0,5 bis 1 mm fortschleifen, um wieder eine gesunde Schneide zu erhalten. Die Zerstörung der Schneide verläuft also nicht proportional mit der Zeit, sondern in einer Potenz der Zeit!

[3]) Da es sich bei Geldwertangaben in diesem Buch stets nur um Vergleiche handelt, wird bei diesen Angaben die Bezeichnung Mark (M) ohne bestimmten Währungswert verwendet.

So zerspant ein Werkzeug, das stets zu Beginn der Schneidenzerstörung immer sofort nachgeschliffen wird — hier angenommen alle drei Stunden —, insgesamt vielleicht eine Menge von 300 kg des zu bearbeitenden Materials, ehe es restlos aufgebraucht ist. Ein Werkzeug hingegen, das verspätet nachgeschliffen wird — hier angenommen alle 6 Stunden —, verspant nur etwa eine Menge von etwa 50 bis 80 kg des gleichen Materials und ist dann verbraucht, weil jeweils zuviel fortgeschliffen werden mußte! Es gilt also die sehr wichtige Regel, — die in den meisten Fällen nicht streng genug beachtet wird: Rechtzeitiges und häufiges Nachschleifen des Werkzeuges setzt den Werkzeugverbrauch unter Umständen um 50% und noch viel mehr herab!

Man kann mir Inkonsequenz vorwerfen, da ich mich doch immer wieder auch mit der Lösung von Aufgaben befasse, obwohl ich ankündigte, mich nur dem Erkennen von Aufgaben zu widmen. Derartige Hinweise sind jedoch tatsächlich erforderlich, um die einzelnen Phasen einer Aufgabe erkennen zu lassen. Was soll sich ein junger Betriebsingenieur ohne derartige Hinweise unter Werkzeugpflege vorstellen? Zu Beginn seiner Tätigkeit ist er doch Laie. Und ein Laie würde unter Werkzeugpflege doch nur verstehen, mit dem Werkzeug behutsam umzugehen und es vielleicht durch Einfetten vor Rost zu schützen. Der Sinn dieses Buches ist es aber, gerade auf Umstände aufmerksam zu machen, die eine Aufgabenstellung klar erkennen lassen. Ich will daher mit der Preisgabe meiner persönlichen Erfahrungen nicht geizen.

Nun ist die weitere Frage: *Wer soll das Nachschleifen ausführen?* Und hier gibt es nur eine klare Antwort: Nicht der Arbeiter, der das Werkzeug an seiner Maschine verwendet, sondern ein Spezialist, dessen Tätigkeit ausschließlich darin besteht, sämtliche Werkzeuge für sämtliche Werkzeugmaschinen auf Spezialeinrichtungen sachgemäß nachzuschleifen. Und handelt es sich um einen großen Betrieb, dann wird eben eine größere Anzahl von Werkzeugschleifern eingesetzt. So finden wir in jedem zeitgemäß eingestellten Werk eine besondere Abteilung unter dem Namen: *Werkzeugschleiferei* [12].

Aber auch in kleineren Betrieben nehme man das Schleifen der Werkzeuge auf alle Fälle aus der Hand des Benutzers dieser Werkzeuge, es sei denn, man nehme einen vielfachen Werkzeugverbrauch und einen Stillstand der Maschine während der Zeit des Werkzeugschleifens in Kauf!

Schließlich bleibt noch die Frage: *Wie wird ein Werkzeug nachgeschliffen?* Nun — da gibt es auf dem Maschinenmarkt eine große Anzahl von Universal- und Spezial-Werkzeugschleifmaschinen. Und doch habe ich es mir als Betriebsingenieur nicht nehmen lassen, die nachgeschliffenen Werkzeuge einer sogar sehr eingehenden Prüfung zu unterziehen. Zu diesem Zweck bewaffnete ich mich mit einem kleinen Taschenmikroskop — etwa 50fache Vergrößerung — und betrat alsdann die Werkzeugausgaben, in welchen sämtliche Werkzeuge zur Ausgabe bereit liegen, die sich also in einwandfrei geschliffenem Zustand befinden müssen. Und obwohl die Werkzeugschleiferei und die Werkzeugausgabe um diese meine wohlüberlegte Gepflogenheit wußten: Immer fand ich bei dieser Gelegenheit eine Anzahl von Werkzeugen, deren Schliff bereits den Keim zur Zerstörung des Werkzeuges in sich trug, Werkzeuge also, mit deren stark verminderter Standzeit zu rechnen war. Das Mikroskop brachte alles an den Tag: feine Schleifrisse, winzige Ausbröckelungen an den Schneidkanten. Versuche ergaben, daß deren Standzeit tatsächlich um über 50% hinter der üblichen Standzeit zurückblieb. Es handelte sich dabei allerdings hauptsächlich um Werkzeuge aus Hartmetall. Werkzeuge aus Schnellstahl oder Werkzeugstahl bedürfen einer so scharfen Prüfung weniger, denn sie sind weniger empfänglich für Schleifrisse. Immerhin sind auch da Stichproben am Platze, zumal bei diesen häufig Härterisse in Erscheinung treten. Bei Hartmetall- und auch Schnellstahl-Werkzeugen treten im übrigen sehr oft Spannungsrisse der Plättchen auf, die beim unsachgemäßen Auflöten oder Schleifen der Plättchen entstehen.

Das Auftreten dieser Fehler läßt sich leicht vermeiden. Aufgabe des Betriebsingenieurs ist nur, diese Fehler nachzuweisen und auf deren Abstellung zu bestehen. Ist ein großer Werkzeugbestand vorhanden, so erleichtert er sich diese Aufgabe, wenn er in der Werkzeugausgabe unter den meist angelernten Ausgebern einen erfahrenen älteren Facharbeiter, der u. U. auch körperbehindert sein kann, mit einsetzt. Dieser hat laufend die nach Gebrauch an die Werkzeugausgabe zurückgegebenen Schneidwerkzeuge auf ihre Einsatzbereitschaft zu überprüfen und ihr rechtzeitiges Nachschleifen zu veranlassen, so daß in der Werkzeugausgabe nur scharf geschliffene Schneidwerkzeuge vorhanden sind.

In der Regel ist es auch vorteilhaft, für die Meßgeräte in einer besonders abgeteilten Ausgabe einen gelernten Werkzeugmacher einzusetzen, der die Genauigkeit und den einwandfreien Zustand dieser Geräte dem Benutzer bei der Ausgabe vorführt und sie bei der Rückgabe sofort nachprüft sowie gegebenenfalls auch gleich wieder berichtigt bzw. im Falle der Abnutzung aussondert. In diesem Falle kann sich kein Benutzer bei Werkstückausschuß auf eine Ungenauigkeit des verwendeten Meßgerätes herausreden, die sonst auch manipuliert werden kann. Außerdem werden dann die meist sehr teuren Meßgeräte besser geschont.

Fassen wir nun die Summe der einzelnen Faktoren, die bei der Werkzeugpflege eine so wichtige Rolle spielen, zusammen, so erkennen wir unschwer, welch starken Einfluß der Betriebsingenieur auf die Höhe des Werkzeugverbrauchs, bzw. dessen Kosten ausüben kann. Ich schätze das Verhältnis der Werkzeugkosten eines Betriebes, der die Werkzeugpflege in allen ihren Teilen vernachlässigt, gegenüber denen eines Betriebes, der die Werkzeugpflege in ihrer Gesamtheit vorbildlich betreibt, bis zu einer Höhe von 10 : 1! Es lohnt sich daher wohl, den monatlichen Verbrauch an Werkzeugen von einer Höhe von etwa 10 000 auf eine Höhe von 5000, 2000 oder gar 1000 M zu senken.

35. Allgemeine Ordnung. Unter dieser Überschrift möge die Pflege und Instandhaltung des übrigen Betriebsinventars, der Geräte, Transportmittel, Gebäude u. dgl. mehr zusammengefaßt, jedoch Aufgabenkreis und Bedeutung der allgemeinen Ordnung in den Vordergrund gestellt werden. Schließlich ist für jegliche Pflege der gesamten Betriebsanlage mit ihrem Inventar die Einhaltung allgemeiner Ordnung und Sauberkeit Voraussetzung. Somit müßte dieses Kapitel eigentlich vor den Betrachtungen über die Instandhaltung von Dingen rangieren.

Die Aufrechterhaltung von Ordnung und Sauberkeit in einem Betriebe stellt den Betriebsingenieur vor eine Aufgabe, die sich von Tag zu Tag erneuert. Schenkt er ihr auch nur wenige Tage keine Beachtung, dann wächst sie zu riesigem Ausmaß an. Diese Aufgabe ist mit etwa einer diesbezüglichen Meisterbesprechung oder einem Anschlag bestimmt nicht abgetan. Tagtäglich müssen die Meister auf vorliegende Mängel in der Ordnung und Sauberkeit hingewiesen werden, darin darf der Betriebsingenieur nicht müde werden.

In den toten Ecken, hinter großen Maschinen, in den Maschinenbetten, überall dort, wo es dem Auge verborgen ist, sammeln sich immer wieder Schmutz, Späne, Materialabfälle, Papier, Ausschußwerkstücke, zerbrochenes Werkzeug, nicht mehr benötigte Vorrichtungen und Werkzeugmaschinenteile, defekte Schemel und Transportkästen, Spanneisen, Halteschrauben, Maulschlüssel usw. usw. an. Und da heißt es dann, rücksichtslos eingreifen: Raus mit allem dem, was zur Arbeit nicht unbedingt erforderlich ist! Da muß wöchentlich mindestens einmal eine Razzia gemacht werden. Verbunden wird hiermit eine Werkzeugspinde- und Schubladenrevision. Was darin nicht alles vorgefunden wird!

Wo jedoch ein größerer Bestand an Werkzeugen, Vorrichtungen u. dgl. zweckmäßig ist, da sollen saubere Regale oder andere offizielle Abstellmöglichkeiten geschaffen werden. Vom Boden jedoch hat alles zu verschwinden! Es sind Papierkörbe, Kästen für Materialabfälle, Putzlappen, für die verschiedenartigen Späne, für Schrott und Bodenschmutz aufzustellen u. dgl. mehr.

Besonderes Augenmerk ist auf die ordnungsgemäße Lagerung des Fabrikationsmaterials zu richten. Kleinere Werkstücke befinden sich stets in Transportkästen und niemals am Boden! Die Transportkästen selbst stehen nicht windschief in der Gegend, sondern werden hübsch ausgerichtet aufgebaut. Und die schweren Werkstücke, die tatsächlich auf dem Fußboden abgestellt werden müssen, sollen ebenfalls nicht wie Kraut und Rüben durcheinander stehen, sondern auch gut ausgerichtet oder zu ordnungsgemäßen, rechtwinkligen Stapeln aufgebaut werden.

Alles, was das Auge stört, muß verschwinden! Kaffeekannen, Eßgeschirr, Kleidungsstücke, Schuhe, Packpapier, Zeitungen — alles das sollte in einem Betrieb unsichtbar und ordnungsgemäß untergebracht sein.

Es gibt freilich Menschen, die für diese peinliche Ordnung und Sauberkeit in einem Betrieb keinen Sinn haben und sich gar darüber lustig machen. Es handelt sich hier jedoch weniger darum, daß der Mensch sich in einem stets aufgeräumten, sauberen Betrieb viel wohler fühlt, vielmehr kommt der Ordnung und Sauberkeit auch eine wirtschaftliche Bedeutung zu und nicht zuletzt verringert sich die Unfallgefahr.

Ein Betriebsingenieur, der es fertig bringt, seinem Betrieb ein tadelloses Aussehen zu geben, wird auch in die Abwicklung seiner übrigen Aufgaben die gleiche Gründlichkeit und Disziplin hineinbringen — so wird man schlußfolgern. Ein verwahrloster Betrieb hingegen läßt entsprechende Rückschlüsse auf Betriebsingenieur und Firma zu.

Es liegt auf der Hand, daß Ordnung und Sauberkeit den Überblick über viele Dinge außerordentlich erleichtern. Es wird sofort auffallen, wenn ein Transportkasten, ein Sitzschemel, der Fußboden, das Gebäude, das Dach, die Türen, die Fenster und Inventar irgendwelcher Art einen Schaden aufweist — weil eben alles andere *in Ordnung* ist. Und da zeigt sich dann, wie der zur Ordnung erzogene Betrieb reagiert, wenn derartige Schäden in Erscheinung treten. In einem verwahrlosten Betrieb wird ein nur wenig beschädigter Transportkasten oder Schemel solange weiter benutzt, bis der Schaden so groß geworden ist, daß man diese Teile nicht mehr verwenden kann. Sie werden dann in irgendeine Ecke gestellt, wo sie vollkommen verrotten. In einem geordneten Betrieb hingegen wird der noch kleine Schaden sofort behoben, und dies mit kleinem Arbeitsaufwand.

Als noch junger Betriebsingenieur habe ich mich über manchen Direktor innerlich lustig gemacht, wenn er so wie ich hier mir immer wieder einzutrichtern bemüht war, in erster Linie auf Ordnung und Sauberkeit im Betrieb zu achten. Ich gestehe ein, daß ich mir sogar sagte: *Von wichtigeren Dingen scheint er wenig zu verstehen, daß er mir immer nur von Ordnung erzählt!* Ich reagierte auch nur sehr schwerfällig und ohne innere Überzeugung. Im Laufe der Jahre allerdings habe ich ohne weitere Belehrungen selbst klar erkannt, wie außerordentlich wichtig diese Frage ist, vor allem, wie weit ihr Einfluß auf viele andere Dinge geht. Es ist eine erwiesene Tatsache, daß der Einfluß von Ordnung und Disziplin sich nicht nur in der Steigerung der Gewissenhaftigkeit in Dingen der Instandhaltung auswirkt, sondern sich ganz allgemein auch auf die gesamte Arbeitsdisziplin erstreckt und somit gar auf die Qualität der gefertigten Erzeugnisse.

Der junge Betriebsingenieur merke sich daher recht wohl: Mit an der Spitze aller Aufgaben steht die Forderung, im Betrieb peinliche Ordnung und Sauberkeit herrschen zu lassen.

Das bedingt allerdings wiederum die Erfüllung mancher Voraussetzungen. So muß dafür Sorge getragen werden, jedem Arbeiter an seinem Arbeitsplatz jene Unterbringungsmöglichkeiten für die seither wild herumliegenden Teile zu verschaffen, sei es in Form eines Regals, eines Werkzeugschranks oder einer anderen zweckmäßigen Einrichtung. Für die Unterbringung der Arbeitspapiere versorgte ich stets jeden Arbeiter mit einer kleinen Tasche aus Blech oder Holz, die ersichtlich an seinem Arbeitsplatz angebracht wurde. Und für die Ablage der an einer Werkzeugmaschine benötigten Werkzeuge ließ ich jeweils kleine Holzbrettchen anfertigen und in Greifweite anbringen.

Es sind jeweils nur kleine Aufwendungen, die in gar keinem Verhältnis zu ihrem großen Nutzen stehen.

36. Überwachung der Gemeinkosten. Früher war an Stelle des Ausdrucks Gemeinkosten die Bezeichnung Unkosten gebräuchlich. Beide Worte besagen das gleiche.

In einem Fabrikationsbetrieb rechnet man mit einer großen Anzahl von Kostenarten. Diese gliedert man in zwei große Gruppen. Die erste Gruppe umfaßt jene Kosten, welche als unmittelbarer Aufwand für die Fertigung eines Erzeugnisses entstehen: die Kosten für Fertigungslöhne und Fertigungsmaterial, zu denen bei größeren, wertvollen Werkzeugmaschinen noch die der Benutzungszeit entsprechenden „Arbeitsplatzkosten" hinzugenommen werden können. Die zweite Gruppe hingegen zählt jene Kosten auf, die nicht unmittelbar in den Herstellungspreis des Erzeugnisses eingerechnet werden können, sondern auf die Summe sämtlicher Erzeugnisse anteilmäßig verteilt werden. Diese Kosten bezeichnet man als Gemeinkosten.

Die Ermittlung der unmittelbaren Fertigungskosten kann sehr einfach erfolgen. Die Erfassung der Gemeinkosten hingegen erfordert eine sorgfältige Schlüsselung nach Kostenarten und Kostenstellen.

Aber das interessiert hier im einzelnen weniger, es sollte nur der Begriff Gemeinkosten geklärt werden.

Monatlich erhält der Betriebsingenieur von der Betriebsbuchhaltung einen Betriebsabrechnungsbogen[4]) — eine Gemeinkostenstatistik. Aus dieser geht hervor, wie der Betrieb im vergangenen Monat gewirtschaftet hat. Das ist für den Betriebsmann gewissermaßen eine Bilanz, wenn hieraus auch nicht Gewinn und Verlust des Betriebes direkt hervorgehen. Aber es bieten sich wichtige Anhaltspunkte und es ist ersichtlich, wo evtl. einzugreifen ist.

Die Zahl, welche nun zunächst zu beachten ist, ist die Summe der Fertigungslöhne. Zu dieser werden nämlich die Höhen der anderen Kostenarten ins Verhältnis gesetzt.

Die zweite wichtige Zahl ist die Summe aller Gemeinkosten. Beträgt die Summe der Fertigungslöhne z. B. 10 000 M und die Summe der Gemeinkosten 24 000 M, dann sagt man: die Gemeinkosten betragen 240%. Diesem Prozentsatz wird jedoch ganz allgemein irrtümlicherweise eine ganz falsche Bedeutung beigemessen, in-

[4]) Ein als Beispiel ausgefüllter Betriebsabrechnungsbogen befindet sich im Kapitel „Betriebswirtschaftliches Rechnungswesen" des Werkstattbuches Heft 100 [1].

dem man diesen Prozentsatz gewissermaßen mit einem Wirtschaftlichkeitsfaktor des Betriebes gleichsetzt. Das ist aber nicht richtig! Die alte Auffassung: niedriger Gemeinkostensatz heißt gut gewirtschaftet, hoher Gemeinkostensatz heißt schlecht gewirtschaftet, mußte allmählich besserer Einsicht Platz machen! Wenn sich das Bild des Betriebsabrechnungsbogens in den folgenden Monaten wie folgt entwickelt:

Fertigungslöhne:	10 000,	10 000,	10 500,	10 500,	11 000,	11 000,
Gemeinkosten:	24 500,	25 000,	27 000,	27 500,	29 500,	30 000,
Verhältnis:	245%,	250%,	257%,	262%,	268%,	273%,

dann bemerken wir ein dauerndes Ansteigen des Gemeinkostensatzes.

Wir beobachten jedoch auch ein Ansteigen der Fertigungslöhne. Um daraus Rückschlüsse auf die Wirtschaftlichkeit zu ziehen, fehlt hier die ausschlaggebende Zahl: die Entwicklung des Umsatzes. Hat sich der Umsatz proportional der Steigerung der Fertigungslöhne ebenfalls nur um 10% gesteigert, dann deutet die Steigerung des Gemeinkostenprozentsatzes auf Mißstände hin, dann hat der Betrieb zu hohe Gemeinkosten verursacht.

Hat sich jedoch der Umsatz um 50% gesteigert, dann liegt der Fall anders! Bei 50%iger Umsatzsteigerung wäre der Betrieb sozusagen berechtigt gewesen, monatlich 15 000 M Fertigungslöhne aufzuwenden. Außerdem hätten dann Gemeinkosten in Höhe von 36 000 M (entsprechend 240%) auflaufen dürfen. Bei 50%iger Umsatzsteigerung wäre also das vorliegende Bild des Abrechnungsbogens ein ausgezeichnetes Ergebnis, obwohl der Gemeinkostenprozentsatz stark angestiegen ist. Hierbei wäre also die 50%ige Umsatzsteigerung zum großen Teil auf technisch-wirtschaftliche Maßnahmen des Betriebes zurückzuführen, auf eine Verbilligung der Herstellung des Erzeugnisses.

Der junge Betriebsmann werde sich daher über die Wechselbeziehungen zwischen Fertigungslohnsumme, Gemeinkostensumme, Gemeinkostenprozentsatz und Umsatz klar und lasse es nicht gelten, daß der Gemeinkostenprozentsatz einfach als Beweis für oder gegen die Wirtschaftlichkeit seines Betriebes angeführt wird.

Im übrigen gehen aus dem Betriebsabrechnungsbogen die Summen der verschiedenen Kostenarten hervor, wie sie im Betriebe aufgelaufen sind. Ich habe bereits darauf hingewiesen, daß sich zuweilen ein Gang zur Betriebsbuchhaltung lohnt, um die Unterlagen für diese Kostenaufstellungen einzusehen. Das ist nicht nur vorteilhaft, um eine Erklärung für die Höhe der Summen zu finden, man kann sich bei dieser Gelegenheit auch davon überzeugen, ob sämtliche angeführten Posten wirklich zu Recht dem Betrieb belastet werden.

Der Betriebsbuchhaltung unterlaufen auch Fehler! Zudem ist die Betriebsbuchhaltung in manchen Fällen auf Angaben der verschiedenen Abteilungen angewiesen, deren Richtigkeit sie nicht nachzuprüfen vermag. Insbesondere handelt es sich hierbei um das Ausfindigmachen der sogenannten Verteilungsschlüssel, durch welche allgemein auflaufende Kosten anteilig auf verschiedene Betriebsabteilungen aufgeteilt werden. Betrachten wir als Beispiel den Verteilungsschlüssel für die Kosten der zentralen Preßlufterzeugung. Preßluft wird benötigt in der mechanischen Abteilung, jedoch auch in der Gießerei mit angeschlossener Gußputzerei. Nun schätzt die Betriebsbuchhaltung, daß die mechanische Abteilung etwa ebensoviel Preßluft verbraucht wie die Gießerei, legt also für diese beiden Verbraucher je 50% als Verteilerschlüssel zugrunde. Der Leiter der mechanischen Abteilung wundert sich wohl, daß sein Betrieb monatlich stets für 2000 M und mehr an Preßluft verbraucht. Er trifft auch alle möglichen Maßnahmen, den Preßluftverbrauch einzuschränken — jedoch ohne wesentlichen Erfolg. Schließlich gibt er diesbezügliche Bemühungen auf, denn sie sind anscheinend zwecklos.

Und da schicke ich den Betriebsingenieur in die Betriebsbuchhaltung, um den Verteilerschlüssel zu prüfen. Sodann wird dieser praktisch ermittelt und gefunden: Die Gießerei mit ihren Rüttelformmaschinen benötigte 40%, deren Gußputzerei 55% und die mechanische Abteilung nur 5%! Seitdem wird daher die mechanische Abteilung an Stelle von 2000,— nur noch mit 200,— M monatlich belastet.

Nun gibt es sehr viele Kostenarten, die aufgeschlüsselt werden müssen: Die Kosten für Gas, Wasser, Strom, allgemeine Verwaltung, und für viele andere Dinge und Abteilungen.

Da nun die Summe der durch Schlüsselung gefundenen anteiligen Kosten einen sehr großen Betrag in der Gesamtsumme der Gemeinkosten ausmacht, ist eine Nachprüfung der Schlüssel von Zeit zu Zeit durchaus angebracht!

Unter uns gesagt, liegt es jedoch zuweilen nicht an der Unwissenheit der Betriebsbuchhaltung, wenn falsche Verteilungsschlüssel festgelegt werden, sondern es ist ganz bewußte Absicht! Zuweilen erhält die Betriebsbuchhaltung auch von höherer Stelle Anweisung, mit etwas korrigierten Schlüsseln zu operieren. Da ist z.B. ein Betrieb, der besonders hohe Gewinne erzielt. Es ist oft nicht erwünscht, daß so hohe Gewinne in Erscheinung treten. Schon werden diesem Betrieb größere Anteile von anteiligen Kosten belastet — wer kann das schon kontrollieren. Damit will ich nur andeuten, daß gerade in der Festlegung der Verteilungsschlüssel Manipulationen gebräuchlich sind, die zuweilen verständlich und vernünftig sind, zuweilen aber auch von einer soliden Firma nicht vertreten werden können. Man spricht hier von Verschleierungen.

Ich erwähne diese Dinge, weil ein junger Betriebsingenieur hiervon keine Ahnung haben kann. Wie oft habe ich mir früher den Kopf darüber zerbrochen, weil sich die Unkosten trotz meiner einschneidenden Maßnahmen keine Spur senkten! Wie oft war ich verzweifelt, daß ein Erfolg trotz klarer Beweise offiziell einfach nicht vorhanden war! Aber schließlich bin ich dahinter gekommen, wie und warum zuweilen ein Erfolg verschleiert wird. Ich kann daher dem Betriebsmann nur empfehlen, die Aufgabe der Nachprüfung von Unterlagen der Betriebsbuchhaltung nicht aus dem Auge zu lassen!

Nun gibt es jedoch eine große Anzahl von Gemeinkostenarten, deren Summe nicht durch Schlüsselung, sondern durch direkte Kontierung auf den betreffenden Betrieb gefunden werden. Zuweilen liegen da wohl auch falsche Kontierungen vor, im wesentlichen jedoch ist hier eine gelegentliche Nachprüfung der Unterlagen am Platze, um aus diesen Unterlagen genauestens Einblick in die tatsächlich erfolgten Aufwendungen zu gewinnen.

Ist man sich nach ab und zu erfolgter Versicherung über die Richtigkeit der Gemeinkostenaufstellung über alle Dinge im klaren, dann steht man vor der ausschlaggebenden Aufgabe, zu prüfen, wie weit die Höhe der einzelnen Gemeinkostenarten vertretbar erscheint. Da können wir in einigen Fällen durch eine einfache Rentabilitätsrechnung (vgl. Abschn. 52) den Nachweis erbringen, daß sich der Aufwand an Gemeinkosten bezahlt gemacht hat. In anderen Fällen steht der Nutzen dieser Aufwendungen in keinem günstigen Verhältnis zu deren Höhe. Hier muß dann eingegriffen werden, um die Höhe dieser Aufwendungen zu senken.

Vielfach ist jedoch die Rentabilität des Unkostenaufwandes nicht zahlenmäßig klar nachzuweisen, man ist darauf angewiesen, den direkten oder evtl. auch indirekten Nutzen dieser Aufwendung zu schätzen. Dabei muß man sich fragen: Wie würde es sich auswirken, wenn man diese fraglichen Aufwendungen beschneiden würde? Das Wesentliche ist, daß man sich zumindest Gedanken darüber macht, ob man die Höhe der einzelnen Aufwendungen auch verantworten kann. Im Laufe der Jahre sammelt man dann soviel Erfahrung, daß auch die Urteilskraft in diesen Fragen immer mehr wächst.

Nun werden dem jungen Betriebsingenieur jedoch zuweilen ganz allgemein gehaltene Vorhaltungen gemacht: *Ihre Unkosten sind zu hoch!* Auf so summarische Vorhaltungen lasse er sich jedoch nicht ein, sondern bitte um präzisere Fassung dieses Hinweises. Auf derartige Vorhaltung auf dem Gebiet des Gemeinkostenwesens muß der Betriebsingenieur stets vorbereitet sein, damit er gegebenenfalls Rede und Antwort stehen kann. Als Anfänger muß er zunächst manche Belehrung hinnehmen, später jedoch soll er ruhig seine Auffassung vertreten und darum kämpfen, diese durchzusetzen.

Dieses Gebiet des Gemeinkostenwesens ist sehr interessant, erfordert jedoch eine längere Zeit aufmerksamer Beobachtung, um die Zusammenhänge klar erkennen und dann mit einem gewissen Weitblick disponieren zu können.

III. Technisch-wirtschaftliche Aufgaben des Betriebsingenieurs

A. Wirtschaft und Fortschritt

37. Der engere und der weitere Aufgabenbereich. Hier wollen wir eine kleine Ruhepause einlegen und nochmals überdenken, wovon seither die Rede war. Wir erkennen, daß es sich um einen sehr großen und vielseitigen Aufgabenkreis handelt. Diesen zu meistern, ist zwar nicht jedermann in der Lage, auch muß sich ein junger Mensch damit abfinden, daß es schon einige Jährchen dauert, bevor er wirklich sicher im Sattel sitzt. Andererseits möchte ich doch wiederum manchen vielleicht etwas Verzagten beruhigen. Gewiß türmen sich die erwähnten Aufgaben zu einem hohen Berg an, es ist aber doch nicht so, daß dieser übermäßig schwer zu bewältigen sei.

Ich unterbreche hier die Aufzählung der weiteren Aufgaben, weil deren Charakter grundsätzlich anders ist. Jene Aufgaben, die wir seither besprochen haben, bilden sozusagen den *pflichtmäßigen* Aufgabenkreis. Bei der Erledigung bzw. bei der Überwachung der Erledigung dieser Aufgaben spielt der Betriebsingenieur die Rolle des kleinen Uhrenrädchens, ohne welches die Uhr nicht läuft. Diese Aufgaben stehen *auf dem Programm*, mag ein solches auch nicht in vollem Umfang offiziell festgelegt sein. Es findet dies vielmehr seinen Ausdruck in der Redensart: der Betriebsingenieur muß eben an *alles* denken! Das bezieht sich auf die bisher behandelten Aufgaben.

Die nun folgenden Aufgaben stellen an den Betriebsingenieur Anforderungen anderer und höherer Art. Sie setzen zunächst die Beherrschung des schon besprochenen Aufgabenkreises — also bereits eine gewisse Erfahrung — voraus, dann aber auch ein gewisses Maß von *praktisch-schöpferischer Veranlagung*. Es ist nun so, daß man von einem Betriebsingenieur im allgemeinen nicht unbedingt erwartet, daß er sich praktisch-schöpferisch betätigt und sein Hauptaugenmerk auf Arbeiten in wirtschaftlich- und technisch-fortschrittlichem Sinne richtet. Immer wird man von ihm die Erfüllung der *pflichtmäßigen* Aufgaben fordern — einen schöpferisch-erfinderischen Erfolg kann man ihm nicht vorschreiben. Allerdings wird man einen solchen gebührend anerkennen.

Es gibt nun manchen Betriebsingenieur, der sich durch den seither beschriebenen Aufgabenkreis nicht ausgefüllt, nicht befriedigt fühlt. Zudem kann es ihm durch organisatorische Maßnahmen und durch Übertragung der Erledigung des größten Teiles dieser Aufgaben auf seine Mitarbeiter gelungen sein, sich selbst vorwiegend nur mit der Überwachung der erfolgten Erledigung dieser Aufgaben befassen zu müssen, sich also für weitere, und zwar interessantere Aufgaben frei zu machen. Für diesen Betriebsingenieur also setzen wir die Aufzählung der Aufgaben fort.

38. Wirtschaftlichkeit der Fertigung. Bei einer ganz strengen Unterteilung und Aufteilung aller in einem Werk anfallenden Aufgaben wird man die fortschrittliche Entwicklung der Wirtschaftlichkeit einer Fertigung grundsätzlich in die Hände von Spezialisten oder gar von Spezialabteilungen legen. So sollte es wohl sein! Tatsache ist jedoch, daß nur in den allerseltensten Fällen und nur von sehr großen Werken eine Trennung dieser Sonderaufgabe von der Summe der allgemeinen Aufgaben erfolgt. Man erwartet vielmehr im allgemeinen, daß die Arbeitsvorbereitung, das Konstruktionsbüro für Werkzeuge und Vorrichtungen und auch der Betrieb sich der Aufgabe schon annehmen werden, im Laufe der Zeit die Wirtschaftlichkeit der Fertigung immer mehr zu steigern.

Andererseits kann sich ein Betriebsingenieur auf den Standpunkt stellen, daß es Aufgabe der Arbeitsvorbereitung und des Konstruktionsbüros für Betriebseinrichtungen sei, die Fertigung wirtschaftlich aufzuziehen. Diese Ansicht ist sogar grundsätzlich nicht falsch. Damit aber gibt ein derartig denkender Betriebsingenieur zu, daß er nur Aufsichtsbeamter, Verwalter einer bestehenden Fabrikationseinrichtung ist. Und als solcher sieht er sich mit dem Aufgabenkreis, den wir bereits erörtert haben, vollkommen ausgefüllt. Wir wollen ihm auch ob seiner Auffassung keinen Vorwurf machen.

39. Entfaltung schöpferischen Könnens. Nun sind jedoch die meisten Betriebsingenieure — der eine mehr, der andere weniger — praktisch-schöpferisch veranlagt. Die meisten haben sich doch dem Ingenieurberuf verschrieben nicht nur, um ihren Lebensunterhalt zu sichern, sondern, um ihrer Neigung zu entsprechen. Ein schöpferisch veranlagter Ingenieur aber wird durch die Ausübung einer Verwaltungstätigkeit nicht befriedigt. Beherrscht er diese erst einmal, dann langweilt sie ihn, und er empfindet plötzlich in sich den Drang, etwas Besonderes zu leisten, etwas Neues zu schaffen, auf seinen seitherigen Erfahrungen weiter aufzubauen.

In Wirklichkeit macht sich nun der Drang nach schöpferischer Betätigung nicht etwa zu einem bestimmten Zeitpunkt bemerkbar, sondern er wird sich ständig melden, schon in der ersten Zeit der Tätigkeit als Betriebsingenieur. Der junge Mann wird auch bereits während seiner Einarbeitungszeit hier und da Gelegenheit finden, sich in schöpferischer Tätigkeit zu versuchen. Da ich mich jedoch bemühe, System in den gesamten Wirkungskreis zu bringen, habe ich Verwaltungstätigkeit und schöpferische Tätigkeit derart getrennt.

Wenn wir von der schöpferischen Tätigkeit des Betriebsingenieurs sprechen, dann handelt es sich um die Bewältigung von Aufgaben, die er sich selbst stellt, um die Fertigung wirtschaftlicher zu gestalten. Er findet sich also mit der Fertigungsplanung durch die Arbeitsvorbereitung und das Konstruktionsbüro für Betriebseinrichtungen nicht ab, sondern er übt Kritik daran. Auch an der Konstruktion der Erzeugnisse übt er Kritik.

Eine solche Kritik besteht nun nicht etwa lediglich darin, an irgendwelchen Lösungen etwas auszusetzen, sondern vielmehr in präzisen Vorschlägen, wie es besser gemacht werden kann. So ist also eine wirklich sachliche Kritik nicht als etwas Lästiges, sondern als etwas durchaus Positives zu werten und müßte von jedem sachlich denkenden Menschen freudig begrüßt werden, da sie unpersönliche Vorteile und wirtschaftlich-fortschrittliche Entwicklungen zum Ziele hat. Ein tüchtiger Ingenieur ist daher meist auch ein strenger, aber sachlicher Kritiker.

Es sei mir erlaubt, über den Begriff schöpferisch etwas zu grübeln. Unter einem schöpferischen Menschen wird vielfach nur ein solcher Mensch verstanden, der etwas Neues schafft, neue Werte aus sich selbst hervorbringt, ohne dieses Schaffen erlernt zu haben. Vielmehr entspringt ein solches schöpferisches Wirken seiner besonderen Veranlagung. So wird z. B. der Künstler als schöpferisch bezeichnet, der Komponist, der Maler, der Dichter. Auch unter den Ingenieuren finden wir zuweilen Menschen, die wir zu den Künstlern zählen können, da sie ebenfalls vorwiegend inneren Eingebungen folgen, wenn sie ohne irgendwelche Anleitungen neue Werte schaffen, wie z. B. manche Erfinder.

Wenn wir jedoch hier das Schöpferische im Sinne eines technisch-wirtschaftlichen Fortschritts im Auge haben, dann müssen wir es begrifflich erweitern. Denn dieses Schöpferische hat in jedem Falle den wirtschaftlichen Erfolg zum Ziel. Gewiß führt mancher Einfall zum Erfolg. Aber ebenso sicher führt auch das Erlernte, die Anwendung von Erfahrungen, die wissenschaftlich logische und systematische Entwicklung zum Erfolg. Hier ist also das Schöpferische durchaus nicht nur dem schöpferisch veranlagten Ingenieur vorbehalten, sondern in gleichem Maße auch dem Wissenschaftler, Systematiker und Empiriker. Somit besteht für fast jeden Ingenieur die Möglichkeit, sich schöpferisch zu betätigen. Wo allerdings die Neigung für eine Verwaltungstätigkeit stark vorherrscht, wird das Interesse für schöpferische Tätigkeit gering sein. So ist es auch verständlich, daß mancher Betriebsingenieur sich ausschließlich mit den Aufgaben der Verwaltung befaßt, das Schöpferische im Sinne der Leistungssteigerung jedoch Spezialisten oder Spezialabteilungen überläßt.

Das Aufgabengebiet eines weiteren wirtschaftlichen Ausbaus einer Fertigung ist nun sehr groß, daher werde ich versuchen, die einzelnen Teilgebiete herauszuziehen und sie gesondert zu beleuchten.

B. Maßnahmen zur Erhöhung der Wirtschaftlichkeit

40. Was ist Wirtschaftlichkeit in der Fertigung? Wirtschaftlichkeit ist ein relativer Begriff, dessen elementare Klärung in dem Verhältnis von Aufwand zum Nutzen zu erblicken ist. Der Aufwand an Kapital, Löhnen, Gemeinkosten, Materialkosten soll also möglichst klein und der Nutzen in Form von Reingewinn möglichst groß sein. Der wesentlichste Maßstab für die Wirtschaftlichkeit liegt im Vergleich des wirtschaftlichen Erfolges einer Firma mit dem wirtschaftlichen Erfolg der in- und ausländischen Konkurrenzfirmen. Ein solcher Vergleich ist meist unschwer möglich.

Die Aufgaben des Betriebsingenieurs auf dem Gebiet der Wirtschaftlichkeitssteigerung liegen im wesentlichen in der Senkung der Herstellungskosten der zu fertigenden Erzeugnisse, also in der Senkung des Aufwandes an Fertigungslöhnen, Materialkosten und Gemeinkosten.

Weiterhin liegt seine Aufgabe in der Steigerung des Umsatzes, also der Liefermengen und der Abkürzung der Materialdurchlaufzeit.

41. Inangriffnahme von Leistungssteigerungen. Zu Beginn seiner Tätigkeit trifft der Betriebsingenieur einen Betrieb an, der entsprechend der bereits geleisteten Aufbauarbeit der Werksingenieure einen gewissen Entwicklungszustand aufweist. Seine erste Aufgabe wird nun darin bestehen, dieses Stadium der Entwicklung erst einmal genau festzustellen. Dazu benötigt er nun eine längere Zeit, die sich je nach der Größe und Art des Betriebes auf mehrere Monate oder auch Jahre erstrecken kann.

Die Feststellung des Entwicklungsstadiums erfolgt durch Vergleich mit dem bereits erreichten Stand des Fortschritts auf den verschiedenen Industriegebieten. Man ist also genötigt, sich von letzterem genauere Kenntnis zu verschaffen. Wie aber ist das überhaupt möglich?

Ganz systematisches, schrittweises Vorgehen ist erforderlich, und wir entschließen uns z. B., den ersten Schritt damit zu tun, daß wir unsere Untersuchung zunächst ausschließlich auf die Ermittlung der zweckmäßigsten Werkzeuge erstrekken und beginnen z. B. damit, die vorteilhaftesten Drehstähle ausfindig zu machen.

42. Prüfung der Leistungsfähigkeit von Drehwerkzeugen [13]. Natürlich hat der Betrieb schon vor Jahren Versuche zur Ermittlung der zweckmäßigsten Werkzeuge unternommen und dementsprechende Wahlen getroffen. Es wurden dann mit den einzelnen Werkzeuglieferanten Lieferabschlüsse getätigt und immer wieder Nachlieferungen bestellt, denn man war mit der Leistung stets zufrieden. Vielleicht war jedoch dem Betrieb nicht bekannt — wenigstens nicht in allen Fällen —, daß inzwischen auf dem Gebiete der Werkzeugverbesserung große Fortschritte gemacht wurden und nunmehr andere Werkzeuglieferanten viel vorteilhaftere Werkzeuge zu liefern in der Lage sind.

Wir jedenfalls lassen uns nicht davon abbringen, uns von einer Anzahl anderer Werkzeugstahl- und Schnellstahlerzeuger Proben liefern zu lassen. Bei der Erprobung dieser neuen Drehstahlsorten werden wir vielleicht doch den einen oder anderen Werkstoff entdecken, der tatsächlich vorteilhaftere Eigenschaften zeigt, als die seither im Betrieb verwandten Stähle. Stellt sich jedoch bei diesen Versuchen heraus, daß die seither gebrauchten Stähle siegreich aus den Erprobungen hervorgehen, dann haben wir uns auf diese Weise eben vergewissert, daß der Betrieb tatsächlich bereits die vorteilhaftesten Drehstähle verwendet. Derartige Versuche sind von Zeit zu Zeit ohnehin angebracht, da man sich nur auf diese Weise von dem Stand der Entwicklung selbst zu überzeugen vermag. Außerdem verursachen derartige Versuche nur ganz geringe Kosten. Zu erwähnen ist noch, daß es mit großen Vorteilen verknüpft ist, zu diesen Versuchen jeweils die Vertreter der evtl. neuen Lieferanten hinzuzubitten, wobei diese Vertreter jedoch Fachspezialisten und nicht etwa Handelsvertreter sein sollten.

Haben wir dann so den geeignetsten Schnelldrehstahl und unlegierten Drehstahl ermittelt, dann erweitern wir die Versuche dahingehend, die Anwendungsmöglichkeiten für Hartmetall-Drehstähle festzustellen. Seither wurde zweifellos noch nicht in allen Fällen Hartmetall in Anwendung gebracht, wo dieses dem Schnellstahl gegenüber wesentlich höhere Leistungen zu vollbringen in der Lage ist. Es ist hier ganz besonders angebracht, die Versuchsingenieure der einzelnen Hartmetall-Lieferanten hinzuzuziehen. Diese folgen einer solchen Aufforderung gerne, denn hierin besteht ja ihre besondere Aufgabe: den Kunden von der hohen Qualität der Erzeugnisse ihrer Firma zu überzeugen. Diese Vorführ-Ingenieure verfügen meist über große Spezialerfahrungen auf ihrem besonderen Gebiet und so ist es stets eine günstige Gelegenheit, sich ihre Erfahrungen zunutze zu machen und von ihnen zu lernen. Sie bringen in der Regel eine Fülle neuer Erkenntnisse und manche allgemein verwendbare Anregungen mit.

Mit der so geschilderten Überprüfung und Erprobung der Drehwerkzeuge haben wir schon einen sehr erfreulichen Fortschritt erreicht. Wir konnten an einzelnen Stellen doch einige Mehrleistungen erzielen und haben vor allem nunmehr die Gewißheit, daß sämtliche Dreh- und Fräsmaschinen, Vielstahlbänke, Revolverbänke und Automaten, sowie etwa Karussell- und auch Hobelbänke mit dem vorteilhaftesten Werkzeug ausgerüstet sind.

43. Erprobung der Zweckmäßigkeit von Kühl- und Schneidölen. Gelegentlich dieser Erprobungen ist jedoch bereits eine neue Frage aufgeworfen worden: Welches sind die zweckmäßig zu verwendenden Kühlmittel und Schneidöle für diese Werkzeuge? Schon lassen wir uns von den Werkzeug-Vorführingenieuren Vorschläge machen und fordern die vorgeschlagenen Öllieferanten auf, ihre Spezialisten zur Teilnahme an dem Konkurrenz-Wettkampf zu entsenden. Schon wieder hört man von den neuesten Erkenntnissen, schon wieder von den letzten Fortschritten. An Ort und Stelle überzeuge man sich persönlich, welches Kühlmittel nun tatsächlich das vorteilhafteste für den jeweiligen Verwendungszweck ist. Auch die Untersuchung dieser Frage hat zweifellos wieder einen zumindest kleinen Fortschritt zur Folge. In Anbetracht dieser grundsätzlich sehr wichtigen Frage ist es aber unter Umständen möglich, durch die Wahl des bestgeeigneten Schneid-Kühlöles sogar sehr erhebliche Fortschritte zu machen.

Fortschritte, die durch die Ausfindigmachung der bestgeeigneten Drehstähle und der vorteilhaftesten Schneid-Kühlöle zu erzielen sind, bestehen in der Möglichkeit, nunmehr höhere Schnittgeschwindigkeiten oder größere Vorschübe beim Drehprozeß anwenden zu können. Und damit werden gleichzeitig die Bearbeitungszeiten, also auch der Fertigungslohnaufwand herabgesetzt. Es handelt sich dann um eine Verbilligung der Fertigung, um eine Herabsetzung der Herstellungskosten.

44. Überprüfung der Akkordpreise. Bedeutet der so vorgeschlagene erste Schritt unseres Vorgehens in der Senkung der Herstellungskosten auch nur einen kleinen Bruchteil im Rahmen der gesamten Möglichkeiten, die Fertigungskosten herabzusetzen, so wollen wir doch nicht die Tragweite unseres ersten Schrittes verkennen! Bei unseren Versuchen wurden nämlich Höchstleistungen ermittelt. Es wurden die höchstmöglichen Schnittgeschwindigkeiten und Vorschübe festgestellt. Bei dieser Gelegenheit werden wir jedoch in gar manchem Falle davon überrascht, daß die seitherige Leistung weit unter der möglichen Höchstleistung lag, weil die Vorkalkulation einen Akkordpreis festlegte, der ein gemütliches Arbeiten ermöglichte, wobei also die Leistungsfähigkeit von Maschine und Werkzeug gar nicht ausgenutzt wurde. So führt also die Erprobung verschiedenartiger Werkzeuge automatisch auch zu einer Überprüfung der Akkordpreise und anschließend zu deren Richtigstellung.

Je nach dem Entwicklungsstand eines Betriebes führen somit unsere ersten Schritte bereits zu einer Leistungssteigerung der gesamten Dreherei um 10, 20 oder noch höhere Prozente. Und rechnen wir dann einmal nach, welchem Geldbetrag dieser kleine Fortschritt gleichkommt, dann sind wir sehr erstaunt. Legen wir nur einmal eine Leistungssteigerung von 10% zugrunde bei einer Dreherei von 50 Maschinen, dann ergibt dies eine monatliche Ersparnis, die etwa dem Gehalt von drei Meistern entspricht.

45. Übergang auf die Untersuchung sämtlicher Werkzeuge. So, wie wir die Erprobung der Drehmeißel durchführten, führen wir sie nun auch für die anderen Werkzeugarten durch. Wir ermitteln die höchstleistungsfähigen Bohrer, Fräser, Messerköpfe, Gewindebohrer, Gewindeschneidköpfe, Gewindefräser, Räumnadeln, Reibahlen, Senker, Zahnradfräser usw., klären zugleich die Schneid- und Kühlölfrage, ziehen immer wieder die Spezialisten zu Rate und berichtigen erforderlichenfalls die Akkordpreise. So bauen wir Steinchen um Steinchen auf [14].

Ganz besondere Aufmerksamkeit widmen wir jedoch der Schleifscheibe! In noch viel höherem Maße als bei den seither aufgeführten Werkzeugarten verlangt der wirtschaftliche Schleifprozeß jeweils die genaue Wahl der für einen bestimmten Verwendungszweck eigens vorgesehenen Schleifscheibe. Hier müssen zweckmäßig in regelmäßigen Zeitabständen — etwa jährlich einmal — die Spezialisten der Schleifscheibenfabriken herangezogen werden. Die Schleifscheibenproduzenten sind in dieser Beziehung sehr großzügig und stellen Probescheiben sogar gratis zur Verfügung.

Allerdings ist hierbei ein gewisses Mißtrauen am Platze! Ermitteln wir nämlich so eine ganz hervorragend vorteilhafte Schleifscheibe und entschließen uns, der betreffenden Schleifscheibenfabrik einen größeren Auftrag in dieser Schleifscheibenart zukommen zu lassen, dann machen wir häufig die Beobachtung, daß diese Schleifscheiben keineswegs der Qualität der vorgeführten Probescheibe entsprechen. Das ist jedoch nicht böser Wille der Schleifscheibenfabrik, sondern vielmehr der Tatsache zuzuschreiben, daß man es bei der Fertigung einer Schleifscheibe nicht absolut sicher in der Hand hat, jene Qualität — insbesondere, was den Härtegrad einer Schleifscheibe angeht — zu erzeugen, die vom Kunden und auch von der Schleifscheibenfabrik gewünscht wird. Gerade der Härtegrad einer Schleifscheibe ist jedoch meist ausschlaggebend für ihre Leistung beim Schleifen eines Werkstückes einer ganz bestimmten Materialart. Nur geringe Abweichungen der Schleifscheibenhärte machen unter Umständen eine Schleifscheibe für die Bearbeitung dieses Materials ungeeignet. Man bestehe daher darauf, daß die bezogenen Schleifscheiben genau der Qualität der vorgeführten Probescheibe entsprechen. Die Schleifscheibenfabrik ist recht wohl in der Lage, dieser Vorschrift zu entsprechen, da sie nach Fertigstellung der Schleifscheiben genaue Härteprüfungen vornimmt und die Scheiben nach Ausfall der Härtegrade sortiert. Zuweilen befindet sich jedoch eine Schleifscheibenfabrik in Verlegenheit — wenn nämlich eine größere Anzahl von Scheiben ausgerechnet eine Härte aufweist, die von den Kunden nicht gefragt ist. Um die Scheiben jedoch trotzdem loszuwerden, werden sie als Scheiben von der gewünschten Härte geliefert. In manchen Fällen ist das ohne größere Bedeutung, zuweilen jedoch untragbar. Manche Schleifscheibenfabriken verhalten sich in dieser Beziehung durchaus zuverlässig. Immerhin möchte ich auf diesen Umstand hinweisen, der mir in meiner Praxis schon viel Verdruß bereitet hat.

Neben der Qualität der Werkzeuge spielt nun auch deren Art für die Leistungssteigerung in der Fertigung eine große Rolle. Es würde zu weit führen, wollte ich hier die verschiedenen Werkzeugkonstruktionen anführen. Es muß schon dem Betriebsingenieur überlassen bleiben, in Fachzeitschriften, auf Ausstellungen und bei Werkzeugfabriken selbst nachzuforschen, welches die vorteilhaftesten Werkzeugarten sind: ob man mit einem Spiralbohrer oder einem Sassemesser, mit einem einfachen Schneideisen oder einem sich öffnenden Schneidkopf, mit oder ohne Schnellwechselfutter, mit einer einfachen Reibahle, einer Einzahnreibahle oder Hungerreibahle arbeiten soll. Zweifellos liegen in der geschickten Wahl der zweckmäßigsten Werkzeugkonstruktionen manche Vorteile, die zum wirtschaftlichen Fortschritt einer Fertigung beitragen. Damit aber mag über den Aufgabenkreis bezüglich der Auswahl der Werkzeuge, deren Qualität und Art genug gesagt sein.

Wird in einem Fertigungsprozeß das Elektro-Schweißen angewandt, so ist die Wahl der richtigen Schweiß-Elektroden von sehr großer Bedeutung. Auch hierbei muß immer wieder empfohlen werden, Fach-Spezialisten mehrerer Elektrodenproduzenten heranzuziehen, um so die vorteilhaftesten Elektroden zu ermitteln. Die richtige Wahl der Elektrode ist ausschlaggebend für den Erfolg des Elektroschweißens!

46. Die wichtige Rolle der zweckmäßigen Vorrichtung. Wir wechseln nunmehr die Richtung unserer kritischen Untersuchungen und wenden uns den Vorrichtungen zu [3, 15]. Diese haben die Aufgabe, das zu bearbeitende Werkstück jeweils in die richtige Lage zum Werkzeug zu bringen, es festzuhalten und evtl. dem Werkzeug eine Führung zu geben. Wir betrachten also in unserem Betrieb eine Vorrichtung nach der anderen und stellen uns dabei jeweils folgende Fragen:

1. Ist die Vorrichtung so starr, daß die Werkzeuge ruhig arbeiten? Oder treten Schwingungen auf, die auf zu schwache Ausführung der Vorrichtung zurückzuführen sind? (Werkzeugverbrauch.)
2. Erfolgt die Aufnahme des Werkstückes einwandfrei, d. h. eindeutig und ohne ein besonderes Hinrichten? Entstehen hierbei zuweilen Schwierigkeiten, etwa durch zurückbleibende Späne, durch ungenaue Vorarbeit der Werkstücke oder dergleichen?
3. Wie erfolgt das Festspannen des Werkstückes? Welche Zeit erfordert dieses Einspannen? Kann die Einspannzeit nicht wesentlich abgekürzt werden dadurch, daß man die Verwendung von Handschlüsseln vermeidet und Preßluft- oder hydraulische Spannvorrichtungen verwendet?
4. Erfordert das Ausspannen und Herausnehmen des Werkstückes größeren Zeitaufwand, entstehen hierbei Schwierigkeiten — etwa durch beim Arbeitsprozeß sich bildenden Grat?
5. Ist nach erfolgtem Arbeitsprozeß die Vorrichtung zunächst von Spänen völlig zu säubern, oder ist für einen guten Späneabfluß gesorgt und verbleiben die Aufnahmepunkte stets frei von Spänen?

Das sind die elementaren Fragen, die man bei der Betrachtung einer Vorrichtung gewohnheitsmäßig stellt.

Geht der junge Betriebsingenieur so von Vorrichtung zu Vorrichtung, um diese einer Prüfung zu unterziehen, so wird er gleichzeitig beobachten, wie in jedem Einzelfalle diese oder jene Frage gelöst wurde. Er wird dabei sehr viel lernen! Er wird sich dabei auch häufig Gedanken darüber machen, wie er selbst wohl die Vorrichtung konstruiert haben würde. Hierzu ist nun zu sagen, daß häufig eine größere Anzahl von Möglichkeiten vorliegt, eine Vorrichtung zu gestalten. Es ist oft auch gar nicht einfach, ohne weiteres die beste Lösung zu erkennen. Zuweilen müssen hier auch Kompromisse gemacht werden und häufig treten erst beim Gebrauch der Vorrichtung ihre Mängel in Erscheinung.

Für den jungen Betriebsingenieur ist es daher weniger angebracht, an eine Vorrichtung heranzutreten mit dem Gedanken, diese verbessern, als vielmehr sie genau studieren und daran lernen zu wollen. Hat er jedoch dann auf diesem Gebiet schon einige Erfahrungen gesammelt und kann sich schon ein eigenes Urteil erlauben, dann bietet sich wohl die Möglichkeit, sich in fortschrittlichem Sinne zu betätigen.

So wird er mit der Zeit auch immer mehr darauf achten, daß die Vorrichtungen stets richtig aufgespannt und schonend behandelt und die Werkstücke in den Vorrichtungen nicht verspannt werden, was zu Verformungen nach dem Ausspannen aus der Vorrichtung führen würde. Zwar soll eine Vorrichtung möglichst so konstruiert sein, daß Werkstückverspannungen darin nicht möglich sind. Aber auch in dieser Hinsicht müssen manchmal Kompromisse gemacht werden, und dann kommt es auf das Gefühl des Arbeiters an. Erfahrungsgemäß wird das Festspannen häufig übertrieben. Da, wo meistens ein leichtes Spannen genügt, wird äußerste Kraft angewendet und häufig beim Anziehen der Spannelemente mit dem Hammer nachgeholfen. Es ist eine der Aufgaben des Betriebsingenieurs, hier belehrend und aufklärend zu wirken.

Doch wir können uns hier nicht mit Einzelheiten befassen, sondern müssen die große Linie im Auge behalten. Und so stellen wir fest, daß die Vorrichtung mit zu den wichtigsten Faktoren zählt, die Einfluß auf den Wirtschaftlichkeitsgrad einer Fertigung haben. Von der Art der Gestaltung einer Vorrichtung ist in hohem Maße der Aufwand an Fertigungslöhnen abhängig. Man kann eine Vorrichtung so konstruieren, daß Auf- und Abspannzeiten der Werkstücke nur Sekunden betragen, so daß dem Arbeiter Zeit übrigbleibt, noch eine weitere Maschine mitzubedienen. Oder aber es lassen sich häufig an Stelle von nur einem Werkstück zwei, zehn oder noch mehr Werkstücke gleichzeitig spannen und bearbeiten. Andere Vorrichtungen werden mit einer Schwenkeinrichtung versehen. Es werden zwei Vorrichtungen auf eine jeweils um 180° schwenkbare Platte gesetzt. Während der Zeit, in welcher ein Werkstück bearbeitet wird, wird aus der zweiten Vorrichtung das fertige Werkstück ausgespannt und ein neues eingespannt, dieses also nach Fertigstellung des noch in Bearbeitung befindlichen Werkstücks durch Schwenken des Tisches der Bearbeitung zugeführt, so daß die Maschine ununterbrochen arbeitet.

Der Fortschritt in der Gestaltung einer Vorrichtung besteht also insbesondere auch in der Verfolgung des Zieles, Ein- und Ausspannzeiten der Werkstücke nach Möglichkeit abzukürzen, unter Umständen bei kleinen Werkstücken sogar gänzlich zum Verschwinden zu bringen, indem automatische Zubring- und Abführeinrichtungen geschaffen werden. Ferner ist die Aufnahme und Bearbeitung von mehreren Werkstücken gleichzeitig, wie auch die Anwendung von Schwenktischen oder gar Rundtischen mit einer größeren Anzahl von Werkstückaufnahmen und Arbeitsstellen anzustreben.

Manchmal und besonders in der Reihenfertigung kann es auch vorteilhaft sein, an einer bzw. auch an mehreren Werkzeugmaschinen ganze Vorrichtungsreihen einzurichten und dort solange zu belassen, wie die Fertigung gleicher Werkstücke vorliegt. Die Anzahl der verschiedenen auf einer Werkzeugmaschine anzubringenden Vorrichtungen richtet sich selbstverständlich nach der Kapazität dieser Maschine und nach den Bearbeitungszeiten für die entsprechenden Werkstücke. Hier können oft erhebliche Einrichtezeiten gespart werden.

Weiter ist es Sache des Betriebsingenieurs, mit darauf zu achten, daß im übrigen möglichst weitgehend die handelsüblichen zeitsparenden Gemeinvorrichtungen, wie Spanndorne, Spannfutter, Maschinenschraubstöcke, Teilköpfe, Teil- und Drehtische, Winkelteilköpfe, verstellbare Spannwinkel, magnetische Anreißplatten u. dgl. angewendet werden.

So stellt das Gesamtgebiet des Vorrichtungsbaues den Betriebsingenieur vor eine große Anzahl interessanter Aufgaben, die zweckmäßig in reger Zusammenarbeit mit dem Konstruktionsbüro für Werkzeuge und Vorrichtungen gemeinsam in Angriff zu nehmen ist.

Dazu kommt, daß Spezialfabriken sich ebenfalls mit dem Bau von Vorrichtungen befassen und bestrebt sind, Normen und Typen auf dem Gebiet des Vorrichtungsbaues zu schaffen. Diese sind zuweilen mit großen Vorteilen zu verwenden. Es ist daher schon zu empfehlen, die Werbedruckschriften der Vorrichtungsfabriken mit größter Aufmerksamkeit zu verfolgen, denn sehr häufig sind diese in der

Lage, mit ihren Spezialerfahrungen tatsächlich zu helfen — sei es mit vollständigen Vorrichtungskonstruktionen oder auch mit betriebsfertigen Vorrichtungen selbst. Zu beachten sind auch Vorrichtungen nach dem Baukastensystem.

In größeren Werken besteht zumeist bereits eine sehr solide Grundlage auf dem Gebiet des Vorrichtungsbaues, so daß es einem jungen Betriebsingenieur nicht schwerfallen wird, in dieses für ihn so wichtige Gebiet Einblick zu gewinnen und durch ständige Fühlungnahme mit dem Konstruktionsbüro für Vorrichtungen und Werkzeuge und mit dem Werkzeugbau seine Kenntnisse und Erfahrungen bis zur Selbständigkeit zu erweitern.

47. Ein leistungsfähiger Werkzeug- und Vorrichtungsbau ist Voraussetzung für den betrieblichen Erfolg. Leider wird in kleineren und auch mittleren Betrieben dieser Frage jedoch nicht immer die erforderliche Aufmerksamkeit geschenkt, man scheut sich — hauptsächlich wegen der damit verbundenen Kosten —, hierfür ein besonderes Konstruktionsbüro und eine besondere Werkstatt aufzuziehen, obwohl erst diese Abteilungen jedem Fertigungsbetrieb das solide Fundament verleihen. In einem solchen Falle ist dann der Betriebsingenieur vor die Aufgabe gestellt, selbst die Initiative zu ergreifen, ein solches Konstruktionsbüro und eine kleine Sonderwerkstatt einzurichten und ganz allmählich zu erweitern. Da er in diesem Fall im eigenen Werk keine Gelegenheit hat, sich die erforderlichen Kenntnisse zu verschaffen, ist er darauf angewiesen, sich durch Fühlungnahme mit anderen Betrieben und Vorrichtungsfabriken und das eifrige Studium von Fachbüchern und -zeitschriften zu unterrichten [3].

Man kann behaupten, daß die wesentlichsten Fortschritte auf dem Wege über Vorrichtungskonstruktion und Werkzeugbau erzielt werden. Daher muß von vornherein angestrebt werden, den Bau jener Betriebseinrichtungen, die dem Fortschritt dienen, rationell zu gestalten, d. h. ihre Herstellung mit dem geringsten Kostenaufwand zu betreiben. Und da kann ich jedem Betriebsingenieur nur empfehlen, sich ganz eingehend mit der Frage zu befassen, ob sich bei der Eigenart seines Betriebes nicht die Anschaffung eines Lehrenbohrwerkes lohnt. Die Kosten zur Beschaffung eines solchen Lehrenbohrwerkes sind zwar hoch. Besteht jedoch die Gewähr, daß es voll ausgenutzt werden kann, dann stehen diese Anschaffungskosten zu den hierdurch gewonnenen Vorteilen bzw. zu den Ersparnismöglichkeiten in der Fertigung von Vorrichtungen in einem gänzlich untergeordneten Verhältnis. — Auch für Austauschwerkstücke geeignet.

Ich habe in einer anderen meiner Schriften den Satz geprägt: Die Leistungsfähigkeit des Werkzeugbaus ist ausschlaggebend für den Erfolg gar mancher Fertigungsabteilung. Insbesondere ist dem schöpferischen Ingenieur der Werkzeugbau jenes Mittel, welches ihm hilft, seine Ideen zu verwirklichen.

48. Ausnutzung der vorhandenen Werkzeugmaschinen. Bei der Überlegung, welche Bedeutung die Art der Werkzeugmaschine in bezug auf die fortschrittliche Art der Fertigung hat, müssen wir zwei Richtungen verfolgen. Die naheliegende Überlegung befaßt sich mit dem Bestreben, den vorhandenen Maschinenpark wirtschaftlich restlos auszunutzen und die spätere Überlegung ist dann, wie dieser vorhandene Maschinenpark durch andere zweckmäßige Maschinen wirtschaftlicher gestaltet werden kann.

Es liegt auf der Hand, daß eine unvollkommene Ausnutzung des vorhandenen Maschinenparks einem glatten Verlust gleichkommt. Worin aber besteht die Unvollkommenheit der Ausnutzung? Wie erkennen wir die nicht genutzten Leistungsreserven eines Maschinenparks?

Da wird man vielleicht beobachten, daß bei mancher Werkzeugmaschine die Anwendung größerer Schnittgeschwindigkeiten und Vorschübe möglich wäre. Gewiß, da bestehen zuweilen gewisse Leistungsreserven.

Um jedoch den größten Teil noch verfügbarer Kapazität erkennen zu können, begeben wir uns an eine Stelle in der Werkstatt, die einen Gesamtüberblick über den Maschinenpark gestattet, und dann zählen wir:

1. Wieviele Maschinen sind in diesem Augenblick im Schnitt, d. h. in tatsächlicher Zerspanungsarbeit begriffen?
2. Wieviele Maschinen sind in diesem Augenblick wohl in den Fertigungsprozeß eingeschaltet — werden also von einem Arbeiter bedient —, sind jedoch nicht im Schnitt, sondern befinden sich im Leerlauf, oder stehen still, weil etwa der Arbeiter gerade die Werkstücke auswechselt, am Werkstück Messungen vornimmt, das Werkzeug auswechselt oder etwa nicht an seinem Platze ist usw.?
3. Wieviele Maschinen sind gerade in der Umrichtung begriffen?
4. Wieviele Maschinen sind in Reparatur oder aus anderen Gründen nicht in den Fertigungsprozeß eingeschaltet?

Der junge Betriebsingenieur wird erstaunt sein, zu Punkt 1 nur 50, 40, 30, 20% der Maschinen oder gar noch weniger zählen zu können. Anzustreben ist natürlich ein Prozentsatz von 100! Das wird natürlich niemals möglich sein, doch ist je nach der Art und je nach dem Stand des erreichten Wirtschaftlichkeitsgrades eines Betriebes ein Prozentsatz von 60, 70 und gar 80 tatsächlich zu erzielen. Über das Wie? wollen wir hier nicht sprechen — das hängt auch allzusehr von den Umständen ab. Wesentlich ist vielmehr, daß grundsätzlich außerordentlich aufmerksam auf den Beschäftigungsgrad des Maschinenparkes geachtet wird! Hier liegen nämlich ganz gewaltige Leistungsreserven, die dem Beobachter meistens gar nicht zum Bewußtsein kommen.

Einen Anhaltspunkt gibt hier dem Betrieb auch das Ampèremeter, wenn auch hierbei die wirklich erreichbare Ampèrezahl einer sorgfältigen Ermittlung bedarf. Immerhin ist dieser Weg auch in mancher anderen Beziehung recht aufschlußreich, und manche Werke haben Ampèreselbstschreiber eingeführt.

Die erhöhte Ausnutzung der Werkzeugmaschinen ist u. a. von der Abkürzung der Ein- und Ausspannzeiten der Werkstücke, dann aber auch von der Anordnung der Werkzeuge abhängig. Wie häufig ist z. B. die Möglichkeit beim Drehen gegeben, statt mit nur einem mit mehreren Drehmeißeln zugleich zu arbeiten. Dies nur als kleiner Wink.

Hier sei aber auch auf organisatorische Maßnahmen verwiesen, durch welche vermieden wird, daß der die Maschine bedienende Arbeiter diese immer wieder verlassen und stillsetzen muß, um Zeichnungen, Werkzeuge, Werkstücke usw. zu holen. Man muß dem Arbeiter ermöglichen, stets an seiner Maschine zu verbleiben, indem man dafür sorgt, daß ihm alles, was er an seinem Arbeitsplatz benötigt, durch Laufjungen oder Hilfsarbeiter gebracht wird, selbst Frühstück, Getränke und Zigaretten.

Manche Werkzeugmaschine wird außer Betrieb gesetzt, weil sie zu alt oder irgendwie für die Fertigung ungeeignet erscheint. Hier ist die Überlegung am Platze, ob eine solche Maschine nicht durch einen kleinen Umbau oder durch ihre Herrichtung für einen Spezialzweck wieder in den Fertigungsprozeß eingeschaltet werden kann.

49. Sorgfältige Vorbereitungen für die Erweiterung des Maschinenparks. Sind alsdann wirklich sämtliche Maßnahmen getroffen, um den vorhandenen Maschinenpark den Verhältnissen entsprechend restlos auszunutzen, können wir einen Schritt weitergehen und überlegen, ob die Maschinenleistung nicht durch Beschaffung einiger zweckmäßigerer Werkzeugmaschinen wesentlich zu steigern ist. Aber da müssen wir wieder fragen, wie erhält der junge Betriebsingenieur Kenntnis von der Existenz leistungsfähigerer Maschinen? Und da muß dann wieder auf das gleiche Rezept hingewiesen werden: Studium der Fachzeitschriften, Aufforderung an verschiedene Werkzeugmaschinenvertreter, zur Beratung vorzusprechen, Einholung von Angeboten von den einschlägigen Werkzeugmaschinenfabriken. Die Einholung solcher Angebote erfolgt ganz unverbindlich. Ein tüchtiger Betriebsingenieur wird ganze Stapel von Werkzeugmaschinenangeboten sammeln und diese dann mit seinen Meistern zusammen einer eingehenden Prüfung unterziehen, sich Referenzen über die Bewährung dieser Maschinen angeben lassen und auch in dem einen oder anderen Falle fremde Betriebe aufsuchen, um diese Maschinen im Betrieb zu beobachten. Außerdem wird er die erforderlichen Rentabilitätsberechnungen vornehmen. Nur so eingehend vorbereitet, darf er sich dann entschließen, bei der Leitung des Werkes einen Antrag auf Beschaffung neuer Maschinen zu stellen.

In diesem Zusammenhang sei noch darauf hingewiesen, wie wichtig es für den jungen Betriebsingenieur ist, jede Gelegenheit wahrzunehmen, auf Maschinenausstellungen seine Kenntnisse in bezug auf die Leistungen der Werkzeugmaschinenindustrie zu erweitern.

Voraussetzung für die Wahl der Werkzeugmaschinen ist natürlich die erfolgte Festlegung der Arbeitsverfahren. So muß der Betriebsingenieur sich zunächst vergewissern, ob die in Gebrauch befindlichen Arbeitsverfahren auch noch zeitgemäß sind. In dieser Beziehung sind stets Umwälzungen im Gange. So ist z. B. das Gewindefräsen heute in vielen Fällen überholt und durch neuzeitlichere Verfahren an anderen Werkzeugmaschinen ersetzt worden. Man muß daher sorgfältig überlegen, ob für einen bestimmten Fall das Gewindewirbeln, das Gewinderollen oder das Gewindeschneiden auf einer modernen Drehmaschine mit automatischer Gewindeschneideinrichtung wirtschaftlicher ist, ehe man die Beschaffung der betr. Maschine beantragt. Von Zeit zu Zeit hat man auch Überlegungen anzustellen, ob es nicht ratsam sein könnte, ältere konventionelle Werkzeugmaschinen durch modernere wie z. B. Koordinatenbohrwerke oder programmgesteuerte Werkzeugmaschinen oder Nachform(Kopier)-Werkzeugmaschinen zu ersetzen. Stets ist aber zu bedenken, daß man durch Anschaffung einer nicht besonders geeigneten Werkzeugmaschine seiner Firma einen Schaden zufügt. Ob ein Werkstück vorteilhafter durch Feindrehen oder durch Rundschleifen, durch eine Revolverdrehbank oder eine Vielstahldrehbank, durch Reiben, Feinbohren oder Räumen, durch Ausbohren oder Schneidbrennen, durch spangebende oder spanlose Formung zu bearbeiten ist, das alles muß selbstverständlich bereits vor der Anschaffung von Werkzeugmaschinen geklärt sein. Auch da läßt sich der Betriebsingenieur laufend von den Sachkennern der verschiedenen Arbeitsverfahren beraten.

50. Forderungen des Austauschbaues. Der Vollständigkeit halber soll jedoch darauf hingewiesen werden, daß die Wahl eines Arbeitsverfahrens nicht nur von der Gestalt eines Werkstückes abhängt, sondern zuweilen in einem noch viel zwingenderem Maße von der Stückzahl der jeweils zu fertigenden Teile. Und parallel mit dem Wachsen dieser Stückzahlen finden wir zumeist auch die Forderung nach einer erhöhten Genauigkeit der Arbeitsausführung. Diese höchsten Genauigkeitsforderungen werden verlangt, um einmal die Montagezeiten auf ein

Minimum zu drücken, dann aber auch, um eine Austauschbarkeit gleichartiger Teile zu gewährleisten. Das Ersatzteilewesen — z. B. im Automobilbau — verlangt kategorisch die Auswechselbarkeit gleichartiger Teile. Ein Ersatzteil muß also stets ohne die allergeringsten Anpaßarbeiten ohne weiteres an Stelle eines etwa verschlissenen oder beschädigten Teiles eingebaut werden können.

Der Austauschbau verlangt daher, daß ein Teil unter Umständen in millionenfacher Ausführung unverändert jahrelang ausgeführt wird. Dabei dürfen also in den genauen Paß- oder Abstandsmaßen Differenzen auch nur von einem Hundertstel Millimeter oder gar noch weniger nicht eintreten!

Im allgemeinen darf die Fertigung die von dem Konstrukteur zugebilligten Toleranzen ausnutzen. Ist z. B. in einer Zeichnung der Abstand von zwei Wellenlagerungen mit dem Maß 100+0,03 vorgeschrieben, dann darf die Fertigung diesen Abstand mit dem Maß zwischen 100,00 und 100,03 mm ausführen. Im allgemeinen Serienbau darf die Fertigung so verfahren.

Im Austauschbau jedoch müssen wir anders denken! Wir müssen immer damit rechnen, daß Werkzeugmaschinen, Vorrichtungen und alle jene Einrichtungen, welche einen geforderten Genauigkeitsgrad garantieren, einem Verschleiß unterworfen sind. Würden wir also — um bei obigem Beispiel zu bleiben — mit der gleichen Fabrikationseinrichtung nun vom Serienbau ohne besondere Vorkehrung auf die Fertigung von Massen und auf den Austauschbau übergehen wollen, so würden wir bald feststellen, daß das vorgeschriebene Maß von 100+0,03 im Laufe der Zeit 99,99+0,04 und später 99,98+0,05 ausfallen würde. Die Folge davon würde einmal eine Qualitätsminderung des Erzeugnisses und dann Schwierigkeiten in der Montage und im Ersatzteilewesen sein.

Der Austauschbau verlangt daher ganz besondere Maßnahmen, fabrikatorisch höhere Genauigkeitsgrade, als die Zeichnungen vorschreiben, zu erzielen und auch auf die Dauer zu erhalten. Und damit erschließt sich wieder ein neuer großer Aufgabenkreis: Konstruktion von Spezialwerkzeugmaschinen, Wahl anderer Arbeitsverfahren, Einführung von Sortierverfahren, Herstellung von Vorrichtungen und Einrichtungen, die von vornherein das Ausmaß der Toleranzen stark einschränken, Überwachung des Verschleißes solcher Spezial-Präzisions-Einrichtungen.

Parallel hierzu wiederum wachsen auch die Anforderungen in bezug auf die Oberflächengüten, die ebenfalls zuzügliche Maßnahmen verlangen. Hier wird dann der Übergang auf Feinstbearbeitungen (Superfinish-Verfahren) unumgänglich. Damit aber betreten wir schon wieder einen neuen Aufgabenkreis: Das Gebiet der Erzielung höchster Oberflächengüte und das Kennenlernen der verschiedenartigen Wege, um dieses Ziel zu erreichen.

51. Anpassung des Meßwesens an erhöhte Forderungen. Aber beim Übergang zum Austauschbau erwächst dem Betriebsingenieur eine weitere Verpflichtung. Wir vertraten den Standpunkt, daß die Fertigungskontrolle eine gewisse Selbständigkeit einnimmt und der Fertigungsingenieur zweckmäßig Hand in Hand mit der Kontrolle arbeiten sollte. Es mag nun sein, daß in manchen Fällen die Fertigungskontrolle die zuzüglichen Aufgaben erkennt, welche ihr aus dem Übergang zum Austauschbau erwachsen. Trotzdem muß nunmehr der Fertigungsingenieur auch unabhängig von der Fertigungskontrolle sich auf dem Gebiet des gesamten Meßwesens aktiver einschalten. Wenn er vor die Aufgabe gestellt wird, nunmehr noch genauer zu fertigen, als im allgemeinen üblich, dann muß er auch ständig verfolgen können, wie sich seine Maßnahmen auswirken. Er wird einfach gezwungen, sich mit dem gesamten Meßwesen und dessen Neuerungen und Fortschritten vertraut zu machen, um nun nach eigenem Gutdünken die erforderlichen Meßwerkzeuge und -Instrumente zu beschaffen. Schließlich ist es immer der Fertigungsingenieur, der für die Kosten der Fertigung verantwortlich gemacht wird. So wird er auch nicht nur auf die neuesten Meßmethoden, sondern auch darauf achten müssen, daß der Zeitaufwand für das Messen in einem wirtschaftlich vertretbaren Rahmen verbleibt. Auch das Messen erfordert einen Zeitaufwand, der Kosten verursacht. Und diese Kosten können ähnlich wie bei jedem Arbeitsvorgang durch zweckmäßige technische und organisatorische Maßnahmen gewaltig gesenkt werden. — Neben den Meßinstrumenten zur Feststellung genauer Dimensionen finden wir neuerdings auch viele Prüfgeräte, welche Aufschluß über die Rauheit einer Oberfläche geben, den Gütegrad einer Oberfläche anzeigen. Von einem ausgereiften Fertigungsingenieur eines Austauschbaus wird heute die Kenntnis und Anwendung aller Meßinstrumente für eine Ultrapräzision geradezu als Selbstverständlichkeit verlangt. Im übrigen ist dies ein hochinteressantes Gebiet. Ohne dessen Beherrschung verliert der Fertigungsingenieur die Beurteilung der Leistungsfähigkeit und der effektiv erzielten Leistung seines eigenen Betriebes.

52. Rentabilitätsberechnung und Steigerung der Wirtschaftlichkeit. Wir sprechen nun dauernd von der Wahl: von der Wahl einer zweckmäßigen Werkzeugmaschine, eines Arbeitsverfahrens, eines Werkzeuges, einer Vorrichtung, eines Meßinstruments oder gar von der Wahl eines Menschen für die Erledigung der ihm zugedachten Aufgabe. Man sagt oft mit Recht: Wer die Wahl hat, hat die Qual! Und für unsere Betrachtungen trifft dies sogar in höchstem Grade zu.

Wenn der Betriebsingenieur vor der Wahl irgendeiner Art steht, dann muß er sich stets bewußt sein, daß seine Entscheidung regelmäßig das Resultat der Überlegung oder gar einer sehr genauen Rechnung sein sollte: Welche Lösung ist die wirtschaftlichste — rentabelste? Hierbei muß er in Wirkungsgraden denken!

Das Treffen einer Wahl ist fast ausnahmslos mit einer Geldausgabe verknüpft, gleichgültig, ob es sich nun um einen Kaufpreis für eine Maschine, um die Herstellungskosten für eine Vorrichtung oder um die Ausgabe eines Gehaltes oder eines Stundenlohnes handelt. In jedem Falle ist ein Geldbetrag zu zahlen. Und eben dieser Geldbetrag muß in jedem Falle sich irgendwie verzinsen. Jeder solcher Geldbetrag ist Bestandteil des Firmenkapitals. Und wie sich das Gesamtkapital einer Firma in irgendeiner Form verzinsen muß, d. h. einen Gewinn abwerfen muß, so muß auch jeder kleinste Kapitalanteil durch seine Anlage für eine Maschine, Vorrichtung oder als Gehalts- oder Lohnaufwand einen anteilmäßigen Gewinn abwerfen. Mancher bereits ausgereifte Betriebsingenieur wird beim Lesen dieser Worte wohl sagen: Aber das ist doch selbstverständlich, dazu bedarf es doch gar nicht so vieler Worte! Leider aber kann nicht genug auf die Wichtigkeit dieser Gedankengänge hingewiesen werden, denn nur zu häufig kann man selbst bei großen Werken die Beobachtung machen, daß sie zum großen Nachteil für die Firma nicht konsequent und eingehend genug berücksichtigt wurden.

Diese Gedankengänge finden ihren Ausdruck in dem Sammelbegriff: Rentabilitätsberechnung. Und da der Betriebsingenieur ununterbrochen vor solche Rentabilitätsberechnungen gestellt wird, stellen diese einen sogar sehr großen Anteil — und je höher er steigt — den wichtigsten Anteil seines Aufgabenkreises dar.

Es ist zwar manchem reiferen Betriebsingenieur, der für fast jede Beobachtung automatisch in Gedanken sofort eine Rentabilitätsberechnung vornimmt, gar nicht bewußt, daß er dauernd Rentabilitätsberechnungen durchführt. Da arbeiten die

Gedanken so blitzschnell und dann lautet das Resultat in einfachen Worten: *Wirtschaftlich* oder *unwirtschaftlich*! Es ist gewiß von großem Vorteil, wenn ein erfahrener Betriebsmann mit nur einem Blick sofort auch ein Resultat auszusprechen vermag. Aber dies bedingt sehr große Erfahrung und in sehr vielen Fällen ist das Resultat — falsch! Mag der erfahrene Praktiker in Fällen, wo es sich nicht um sehr große Summen handelt, solche Blitz-Rentabilitätsberechnungen anstellen und damit auch Erfolg haben. In Fällen jedoch, wo es sich um die Rentabilität größerer Kapitalsanlagen handelt, sollte die Entscheidung niemals allein auf Grund von Erfahrungen und Gefühlen, sondern immer nach einer ganz nüchternen Rechnung erfolgen, einer Rechnung, die auch der junge Betriebsingenieur einwandfrei durchzuführen vermag.

Die Rentabilität ist eine Funktion sehr vieler Faktoren. Diese Faktoren sind jedoch in ihrer Größe bekannt — oder jedenfalls ist ihre Größe zu ermitteln. Und aus der Gegenüberstellung dieser Faktoren läßt sich mit Sicherheit auch der Grad der Rentabilität bestimmen.

Es handelt sich hierbei jedoch um eine große Anzahl von Faktoren! Wird bei der Berechnung auch nur einer dieser Faktoren vergessen — wie es bei Blitzberechnungen sehr häufig der Fall ist —, dann stimmt die Rechnung eben nicht und der gefundene Grad der Rentabilität erfährt unter Umständen durch die nachträgliche Berücksichtigung des vergessenen Faktors eine starke Minderung oder gar ein negatives Vorzeichen.

Zur Erläuterung dieser Überlegungen mögen nun *einige typische Beispiele* dienen, die aus der Praxis gegriffen sind.

Nach dem ersten Weltkriege drang, von Amerika kommend, die Parole nach Deutschland: *Nur durch Einführung von Fließarbeit kann die deutsche Maschinenindustrie sich behaupten!* Die Einführung von Fließarbeit setzt jedoch voraus: ausgereifte Konstruktion der Erzeugnisse, ausgereifte Fertigungsverfahren und insbesondere sehr große Stückzahlen. Wir erkennen hierin drei von den oben erwähnten *Faktoren*. Obwohl nun keine einzige dieser unerläßlichen Voraussetzungen in Deutschland erfüllt war und die kühle Berechnung der Rentabilität einer Einführung von Fließarbeit ohne weiteres ein negatives Resultat ergab, wurde in vielen deutschen Fabriken Fließarbeit eingeführt. Man erkannte allerdings sehr bald, daß diese Firmen von den Unkosten aufgefressen wurden und nahm wieder Abstand von der Fließarbeit. Man sieht also — auch der erfahrenste Praktiker kann es sich nicht leisten, ohne eine schriftliche Rentabilitätsberechnung auszukommen.

Um die Mitte der 20er Jahre kamen die großen *Schrupp-Schleifmaschinen* auf. Man staunte: Gegenüber dem Fräsen erzielte man mit dem Schruppschleifen die zehnfache Leistung in gleicher Zeit. Die Maschine fand schnell Eingang in die deutsche Industrie. Im Lauf der Zeit aber wurde man stutzig, man hatte mal wieder keine genaue Rentabilitätsberechnung durchgeführt. Es stellte sich nämlich heraus, daß der Schleifscheibenverbrauch die Höhe der fünffachen Lohnkosten erreichte. Außerdem eignete sich damals dieses Verfahren nur für stark ausgesparte Flächen. Die Maschine konnte sich daher in dieser Art nicht behaupten.

Früher wurden Gewinde an kleineren Arbeitsstücken vielfach gefräst. Dann aber erschien auf dem Markt die *Gewindeschleifmaschine*, welche ein Gewinde in der halben oder gar noch kürzeren Zeit herstellte wie die Gewindefräsmaschine. So wurde die Gewindeschleifmaschine vielfach in die Fertigung eingeführt. Eine nachträgliche genaue Rentabilitätsberechnung ergab jedoch in einem Falle z. B. folgendes Resultat: Kosten für die Anschaffung der Gewindeschleifmaschine = etwa 20 000,— Rm. Für den gleichen Betrag konnte man etwa 5 Gewindefräsmaschinen kaufen. Außerdem konnten diese 5 Gewindefräsmaschinen von einem Arbeiter bedient werden. Dieser leistete mit seinen 5 Maschinen etwa das Doppelte wie die Gewindeschleifmaschine. In diesem Falle war also die Beschaffung einer Gewindeschleifmaschine höchst unrentabel und sogar mit Verlust verknüpft.

Damit sei jedoch keinesfalls ein Werturteil über die Gewindeschleifmaschine auch nur angedeutet! Es wurde in vorliegendem Falle nur wieder einer der Faktoren vergessen, nämlich die Bearbeitbarkeit des Werkstoffes!

Es handelte sich hierbei um die Bearbeitung eines unlegierten Stahles von etwa 50 kp Festigkeit. Bei einem solchen Werkstoff sind alle anderen Verfahren für die Gewindeherstellung wesentlich günstiger als das Schleifen. Völlig gewandelt wird das Bild, wenn es sich um die Bearbeitung von zähhartem legiertem Mangan- oder Chromstahl handelt, der eine Festigkeit von über 100 kp aufweist. Da sehen wir unter Umständen ein völliges Versagen aller anderen Verfahren, während die Gewindeschleifmaschine spielend ihr Pensum schafft, das einem Mehrfachen der Gesamtleistung von 5 Gewindefräsmaschinen gleichkommt. Hier erweist sie sich also bereits höchst rentabel! Wo es sich jedoch um ein Schleifen gehärteten Materials handelt — z. B. bei der Herstellung von Gewindebohrern —, da ist die Gewindeschleifmaschine von allerhöchster Rentabilität. Diese läßt sich jedoch jeweils von vornherein stets ermitteln, wenn sämtliche F a k t o r e n oder Umstände vollzählig mit in die Kalkulation einbezogen werden.

In einem anderen Falle sehen wir, daß für eine Fertigung größerer Reihen höchstleistungsfähige V i e l s p i n d e l a u t o m a t e n [16] vorgesehen sind. Die Stückzahlen sind jedoch nicht so groß, daß diese Maschinen wochenlang die gleichen Teile fertigen können, sondern ziemlich häufig umgerichtet werden müssen, was oft einem mehrtägigen Zeitausfall gleichkommt. Man ist von deren Leistung enttäuscht und stellt dann nachträglich eine genaue Rentabilitätsrechnung auf — vergleicht diese mit dem Resultat etwa einer solchen Rechnung, bezogen auf Einspindelautomaten. So werden hier gegenübergestellt von diesen beiden Maschinentypen: Anschaffungspreise, Stückzeiten, Einrichtezeiten, Lohnanteile pro Stück und aus diesen sich weiter ergebende Daten. Es stellt sich dann häufig genug heraus, daß die Beschaffung von Einspindelautomaten rentabler gewesen wäre. Trotzdem wäre jedoch die Beschaffung der Vielspindelautomaten dann zu rechtfertigen, wenn mit einem Anwachsen der Produktion und der Reihen gerechnet werden durfte.

Aber greifen wir einmal viel einfachere B e i s p i e l e heraus: In einer Maschinenfabrik beobachten wir, wie die Maschinenarbeiter häufig ihren A r b e i t s p l a t z v e r l a s s e n müssen — dabei also ihre Maschine außer Betrieb setzen —, um Zeichnungen, Werkzeuge oder Dinge für ihren privaten Bedarf zu holen. Eine genaue Beobachtung ergibt, daß jeder Arbeiter pro Tag durchschnittlich für die Dauer etwa einer Stunde nicht an seinem Arbeitsplatze verweilt. Pro Woche entspricht dies einem Zeitaufwand von 5 Stunden. — Nehmen wir an, in diesem Betrieb seien 120 Maschinenarbeiter beschäftigt. Somit wäre der gesamte Zeitaufwand für das Holen von Zeichnungen, Werkzeugen usw. usw. 600 Stunden.

Angenommen, im Durchschnitt verdiene ein Maschinenarbeiter pro Stunde 5,— M[5]), dann kosten diese Leerlaufstunden pro Woche 3000,— M.

Und nun sagen wir uns: Diese Arbeiten können auch von billigeren Arbeitskräften ausgeführt werden, von Laufjungens oder Frauen, die pro Stunde nur

[5]) Siehe Fußnote S. 30.

3,— M verdienen. Wir führen unsere Absicht auch durch und rechnen aus, daß wir damit pro Woche 1200,— M, d. h. pro Jahr etwa 60 000 M gespart haben. In Wirklichkeit ist diese Lohnersparnis noch höher, da wir die errechnete Anzahl von Hilfskräften gar nicht benötigen.

Mit einer solchen Rentabilitätsberechnung geben sich die meisten Betriebsingenieure zufrieden — leider! Zudem ist diese Rechnung falsch!

Wir aber wollen richtig rechnen, und zwar wie folgt:

Dadurch, daß vordem die Maschinenarbeiter ihre Besorgungen selbst ausführten, standen während dieser Zeit ihre Maschinen still. Und wenn dies bei 40 Stunden pro Woche 5 Stunden Ausfallzeit ergibt, so entspricht dies einem Produktionsverlust von etwa 12%!

Wir können annehmen, daß dieser Betrieb einen jährlichen Umsatz von 1 000 000 M und einen Reingewinn von 200 000 M erreicht. Bei einer Ausfallzeit der Maschinenarbeit von 12% erreichen wir also nur einen Umsatz von 880 000 M und einen Reingewinn von 176 000 M. Wir haben also einen Verlust von 24 000 M!

Um diesen Verlust von 24 000 M zu vermeiden, stellen wir die erforderliche Anzahl von Hilfskräften ein. Aber diese müssen zuzüglich bezahlt werden, und zwar im Jahre mit 15 000 M. Also lautet das Endresultat unserer Rentabilitätsberechnung: Wenn ich 15 000 M Löhne für Hilfsarbeiter mehr anwende (die vom Gewinn abgehen), steigt mein tatsächlicher Gewinn um 9000 M. Oder: die 15 000 M für Hilfsarbeiterlöhne verzinsen sich mit etwa 60%. Das ist also eine sehr rentable Kapitalsanlage!

Mit diesem Beispiel soll nur der grundsätzliche Gedankengang auf die einfachste Art angegeben werden. In Wirklichkeit liegen die Dinge viel komplizierter, denn bei ganz exakter Rechnung wäre noch zu berücksichtigen: durch die zuzügliche Zahlung von 15 000 M für Hilfslöhne und Festhalten der Arbeiter an ihren Maschinen wird die Höhe von Produktivlohnsumme, Gemeinkosten-Prozentsatz und Umsatz beeinflußt, jedoch im positiven Sinne. Wichtig ist hier nur der Hinweis, daß bei einer Rentabilitätsberechnung jeweils der richtige Weg eingeschlagen wird.

In einem anderen Beispiel sehen wir Frauen an leichter Maschinenarbeit. Obwohl diese Arbeit eine sitzende Beschäftigung durchaus ermöglicht, verrichten diese Frauen ihre Arbeit im Stehen. Dieses lange Stehen ist jedoch sehr ermüdend, auch schmerzen dabei die Füße. Der gute Beobachter stellt fest, daß die Arbeitsplätze häufig verlassen werden (unter irgendeinem Vorwand — in Wirklichkeit nur, weil das lange Stehen an der Maschine unerträglich ist).

Nun beschließt der Betriebsingenieur, Sitzschemel für die Frauen zu beschaffen, denn er glaubt, dadurch eine Leistungssteigerung dieser Frauen zu bewirken. Er rechnet aus, daß durch diese Maßnahme eine Leistungssteigerung von mindestens 3% zu erwarten ist. Damit würde sich die Beschaffung der Sitzschemel bereits nach einem Monat bezahlt machen. Er führt seine Absicht durch und stellt dann eine Leistungssteigerung von über 10% fest.

Schließlich sei noch ein weiteres Beispiel von grundlegender Bedeutung angeführt:

Die Wahl zweckmäßiger Kühl- und Schneidöle ist von größter Bedeutung. Angenommen, das seither im Betrieb verwandte Kühl- und Schneidöl kostete pro kg 1,— M. Nun wird ein Versuch mit einem anderen Öl vorgenommen, welcher ergibt, daß die Standzeit der Werkzeuge um über 50% erhöht wird und sogar in manchen Fällen höhere Schnittgeschwindigkeiten und Vorschübe anwendbar sind. Dieses neue Öl kostet jedoch 1,50 M/kg. Der Einkauf sträubt sich daher, dieses viel teurere Öl einzukaufen. Nun aber rechnet der tüchtige Betriebsingenieur aus, welche riesigen Ersparnisse durch Verwendung dieses Öles möglich sind in bezug auf Werkzeugverbrauch und Produktionskosten. Wenn er richtig rechnet, kann er dem Einkauf nachweisen, daß die finanziellen Vorteile, welche sich aus der Verwendung des teureren Öles ergeben, selbst einen Preis von 10,— M/kg rechtfertigen würden.

Es wäre möglich, viele Tausende von solchen Beispielen anzuführen, wo der Wirtschaftlichkeitsgrad einer Beschaffung durch eine genaue Rentabilitätsberechnung zuvor ermittelt werden muß. Daher kann nicht genug darauf hingewiesen werden, daß die Anwendung stets richtiger und lückenloser Rentabilitätsberechnungen geradezu Voraussetzung für eine erfolgreiche Betriebsleitung darstellt.

Es handelt sich dabei also stets um eine Gegenüberstellung von irgendeiner Geldausgabe zu deren voraussichtlichem Nutzen, der sich oft direkt, zuweilen aber auch nur indirekt ermitteln läßt (z. B. bei einer Qualitätssteigerung des Erzeugnisses).

Wir sprachen zu Beginn dieser Betrachtung, wie wichtig eine lückenlose Berücksichtigung sämtlicher jeweils in Frage kommender Faktoren sei, um ein irreführendes Resultat einer Rentabilitätsberechnung zu vermeiden. Um sich nun von der Art dieser Faktoren ein richtiges Bild machen zu können, wollen wir deren eine Anzahl aufführen:

1. Die Amortisation. Wollen wir z. B. für eine neue Werkzeugmaschine einen Betrag von 10 000 M bezahlen, so müssen wir zunächst die voraussichtlichen Amortisationsbeträge ermitteln. Diese können bei verschiedenartigen Maschinen grundverschieden sein.

Handelt es sich z. B. um die Beschaffung einer universalen Leitspindeldrehbank, die im Werkzeugbau regelmäßig in einer Arbeitsschicht verwendet werden soll, dann wird man diese Maschine etwa mit 10% amortisieren oder abschreiben. (Die hier gewählten Amortisationsprozentsätze sind in ihrer Höhe nicht zu verallgemeinern. Es soll nur grundsätzlich auf das Variieren dieses Prozentsatzes hingewiesen werden.) Soll hingegen für diesen Betrag eine Produktionsdrehbank für die Fertigung beschafft werden, die einer viel höheren Beanspruchung ausgesetzt wird, dann wird man sie jährlich mit 15% abschreiben.

Wenn jedoch an die Beschaffung einer hochleistungsfähigen Spezialmaschine gedacht ist, die unter Umständen einer großen Gefahr der Konstruktionsveralterung ausgesetzt ist, so wird man diese nach Möglichkeit mit jährlich 30 bis 50% amortisieren.

2. Aber neben der Verschiedenartigkeit der jährlichen Amortisationskosten spielt nun der Beschäftigungsgrad einer Werkzeugmaschine eine wichtige Rolle. Unser Ziel ist doch, jeweils den Anteil der Amortisationskosten an den Fertigungskosten ausfindig zu machen.

In dem ersten Falle wird die Maschine mit 10% abgeschrieben, d. h. jährlich mit 10% von 10 000 M = 1000 M. Die Maschine arbeitet wöchentlich 40 Stunden, im Jahre rund 2000 Stunden. Somit betragen die Amortisationskosten pro Arbeitsstunde 0,50 M.

Im zweiten Falle beträgt die Abschreibung 15%. Die Produktionsdrehbank wird jedoch gelegentlich auch in zwei Schichten eingesetzt, so daß mit einer jährlichen Beanspruchung von 2500 Stunden zu rechnen ist. Es ergibt dies Amortisationskosten pro Arbeitsstunde in Höhe von 0,60 M.

Rechnen wir im dritten Falle mit einer Abschreibung von 40% und einer Beschäftigungszeit von nur 1000 Stunden pro Jahr — weil diese Maschine entsprechend ihrer hohen Produktionskraft von uns gar nicht voll ausgenutzt werden kann —, so finden wir die Amortisationskosten pro Arbeitsstunde mit 4,— M (!).

3. Nun ist die Leistung dieser Maschinen aber auch ganz verschiedenartig. Hier scheidet allerdings die Leitspindeldrehbank für den Werkzeugbau für unsere Betrachtungen aus. Wir stellen nur die Produktionsdrehbank der Spezialmaschine gegenüber und nehmen hier an, daß beide Maschinen für die Bearbeitung des gleichen Werkstückes zur Wahl stehen. Da finden wir nun, daß die Produktionsdrehbank pro Stunde 20 Werkstücke liefert, die Spezialmaschine jedoch 200 Werkstücke.

Legen wir nun die ermittelten Amortisationskosten auf ein Werkstück um, so finden wir, daß im ersten Falle, also bei 20 Stück/Std. und 0,50 M/Std. Amortisation, pro Werkstück von der Produktionsdrehbank 2,5 Pfg. und im dritten Falle, also bei 200 Stück/Std. und 4,— M/Std. Amortisation, pro Werkstück von der Spezialmaschine 2,0 Pfg. entfallen.

4. Legen wir nun einen Stundenlohn des Maschinenarbeiters mit 5,— M zugrunde, so müssen wir zuvor noch berücksichtigen, daß die Spezialmaschine einen Arbeiter voll beschäftigt, während von einem Arbeiter 3 Produktionsdrehbänke zugleich bedient werden.

Wenn wir nun den je Werkstück anfallenden Lohnanteil berechnen, so finden wir diesen bei dem Werkstück von der Produktionsdrehbank mit 5,— M : 20 = 0,25 M. Davon $1/3$ = 8,33 Pfg. und jener von der Spezialmaschine mit 5,— M : 200 = 2,5 Pfg.

Fassen wir das bisher ermittelte Resultat nun zusammen, so finden wir folgende Gegenüberstellung:

1 Werkstück kostet:

	bei der Produktionsdrehbank	bei der Spezialmaschine
an Amortisationskosten	2,5 Pfg.	2,0 Pfg.
an Arbeitslohn	8,33 Pfg.	2,5 Pfg.
	10,83 Pfg.	4,5 Pfg.

Unsere bisherigen Überlegungen führen also zu dem Resultat, daß die Spezialmaschine wirtschaftlicher arbeitet. Aber wir haben hier stillschweigend für beide Maschinen den gleichen Anschaffungspreis zugrunde gelegt. Außerdem ist die Rechnung noch nicht vollständig, ist vielmehr nur ein Wegweiser dafür, in welcher Richtung wir bei einer Rentabilitätsberechnung zu gehen haben. Wir wollen aber nunmehr eine größere Anzahl von Faktoren aufzählen, die bei einer Rentabilitätsberechnung zu berücksichtigen sind:

1. Der Anschaffungspreis,
2. die Amortisationskosten (unter der Berücksichtigung der Nutzung),
3. der Platzbedarf und dessen Kosten, räumliche Veränderungen,
4. die voraussichtlichen laufenden Werkzeugkosten,
5. die Instandhaltungskosten,
6. Kosten für Strom, Preßluft und evtl. Erweiterung deren Anlagen,
7. der Einfluß auf die Gestaltung des Gemeinkostensatzes allgemein,
8. Zahl der Maschinen, die ein Arbeiter gleichzeitig bedienen kann,
9. Anforderung an die Qualifikation des Arbeiters,
10. die jeweiligen Einrichtungskosten für ein neues Werkstück,
11. die Einrichtungskosten für ein Werkstück, für welches die Maschine bereits eingerichtet war (Wiederholung einer gleichen Einrichtung),
12. Einfluß auf die Material-Durchflußgeschwindigkeit,

13. erreichbarer Genauigkeitsgrad der Werkstücke,
14. erreichbare Oberflächengüte an den Werkstücken,
15. Verwendbarkeit für welche Werkstoffe,
16. mit welchen Werkstoffabfällen ist zu rechnen,
17. welche Maßnahmen sind für die Späneabfuhr zu treffen,
18. welche Maßnahmen sind für die An- und Abfuhr der Werkstücke erforderlich,
19. sind Hebevorrichtungen für die Werkstücke erforderlich,
20. welche besonderen Unfallverhütungsmaßnahmen sind zu treffen?

Erst nach der Beantwortung aller dieser Fragen, nach der restlosen Klärung über die grundsätzliche Zweckmäßigkeit der Beschaffung und nach der Ermittlung aller aus diesen Fragen sich ergebenden zusätzlichen Kosten, kann alsdann die Kardinalfrage beantwortet werden: Was kostet ein Werkstück, wenn wir zu den Lohnkosten sämtliche zuzüglichen und anteiligen Kosten hinzufügen, und zwar, wenn wir auf dieser Maschine Reihen von 100, 1000, 5000, 20 000 usw. Stücke fertigen wollen.

Damit ist jedoch das Kapitel Rentabilitätsberechnungen keineswegs erschöpfend behandelt. Was hier angeführt wurde, sind sogar nur sehr lückenhafte Fragmente zu diesem Thema.

Aber wir erkennen doch, welch riesiger weiterer Aufgabenkreis sich hier eröffnet. Der junge Ingenieur wird sich in den meisten Fällen in der ersten Zeit wenig mit derartigen Fragen befassen müssen. Erst im Laufe der Jahre gleitet er meist ganz unbewußt in dieses Aufgabengebiet hinein. Es ist jedoch sehr von Vorteil, wenn er vom ersten Tage seiner Tätigkeit in einem Betriebe an sich daran gewöhnt, sämtliche seiner Maßnahmen der Kontrolle einer — wenn auch meist gedanklichen — Rentabilitätsberechnung zu unterziehen. Er muß es lernen, alle Dinge (Konstruktion, Bearbeitung, Bearbeitungsgenauigkeiten, seine stündlichen Maßnahmen usw. usw.) auf den Nenner Geld zu bringen. Vielfach wird nicht von Rentabilitätsberechnungen, sondern schlechthin von Kalkulationen gesprochen. Aber es sei doch darauf hingewiesen, daß das Wort Rentabilitätsberechnung zum Ausdruck bringt, vor einer Entscheidung zu prüfen, ob diese rentabel sei. Und so sollte der junge Ingenieur niemals handeln, bevor er nicht die Auswirkung seines Handelns in geldlicher Beziehung geprüft hat. Mag er auf einem Platze stehen, wo diese Dinge von untergeordneter Bedeutung sind. Es kann jedoch umgekehrt der Fall sein, wo die Beherrschung solcher Überlegungen ausschlaggebend für seinen Erfolg sind.

Ist der junge Ingenieur bereits in der Lage, nach genauen Rentabilitätsberechnungen selbständig die Wahl von Werkzeugen, Vorrichtungen, Werkzeugmaschinen und Arbeitsverfahren zu treffen, dann sitzt er bereits fest im Sattel und erkennt dann selbst, welche Auswirkung jeweils die richtige Wahl auf die Senkung des Lohnaufwandes für ein Werkstück und auf die Steigerung des Umsatzes ausübt.

53. Beschäftigungsgrad des Arbeiters. Zu dem gleichen Ziel führt jedoch parallel und zuzüglich ein Weg gänzlich anderer Art, nämlich für den zu zahlenden Lohn ein Maximum an Leistung zu gewinnen. Ganz unabhängig vom Arbeitsverfahren und von der Art der Werkzeugmaschine, Vorrichtung und des Werkzeugs erhält der Arbeiter regelmäßig seinen Lohn, und zwar bewegt sich dessen Höhe in den Grenzen des Tarifs. Dabei spielt es gar keine Rolle, ob der Betrieb nun mit Gewinn oder mit Verlust arbeitet. Der Lohn ist garantiert.

Wie aber steht es mit der Gegenleistung des Arbeiters?

Diese Leistung des Arbeiters ist nicht immer eindeutig meßbar. Beim Stundenlöhner kann der erfahrene Meister wohl ungefähr schätzen, ob es sich um eine gute oder weniger gute Leistung handelt. Zuweilen ist jedoch die Beurteilung der Leistung eines Stundenlöhners schwierig.

Interessant wird die Frage beim Akkordarbeiter!

Soweit es sich hierbei um Handarbeit handelt, liegen die Verhältnisse sehr einfach. Ebenso klar erkennt man die Leistung bei Arbeiten mit solchen Maschinen, die keinerlei automatische Arbeitsbewegungen ausführen, also vollkommen von Hand bedient werden müssen. Hierbei ist also der Arbeiter 100%ig beschäftigt.

Nun arbeiten jedoch die meisten Werkzeugmaschinen automatisch und vielfach besteht dann die Beschäftigung des Arbeiters lediglich darin, die Werkstücke ein- und auszuspannen, die Werkzeuge anzustellen und die Selbstgänge der Maschine einzuschalten. Stellen so Arbeiter und Maschine innerhalb von 8 Stunden angenommen 100 Werkstücke fertig, wie groß war dann die Leistung des Akkordarbeiters? Da finden wir dann unter Umständen, daß die Maschine 7 Stunden lang gearbeitet hat, der Arbeiter hingegen während der 8 Stunden nur eine einzige Stunde beschäftigt war, nur eine Stunde lang Arbeit leistete.

Wir haben so den Kern des Problems herausgeschält: der Beschäftigungsgrad des Arbeiters ist es, dem die große wirtschaftliche Bedeutung zukommt.

Die Firma ist gezwungen, dem Arbeiter jede Minute seiner Anwesenheit im Betrieb zu bezahlen. Die Firma hat jedoch auch das Recht, den Arbeiter für die Dauer seiner Anwesenheit voll zu beschäftigen, sie kann vom Arbeiter verlangen, daß er jede Minute dem gezahlten Lohn eine entsprechende Gegenleistung gegenüberstelle.

Aus dieser Überlegung heraus wird einem Arbeiter auch eine zweite Maschine zur Bedienung zugeteilt, wenn er durch eine Maschine nicht voll beschäftigt ist. Während also die erste Maschine selbsttätig arbeitet, spannt der Arbeiter an der zweiten Maschine das Werkstück auf und setzt auch diese Maschine in Gang. Ist es gelungen, die Ein- und Ausspannzeiten im Verhältnis zu den Laufzeiten der Maschinen sehr gering zu gestalten, so ist es möglich, dem Arbeiter eine dritte und vierte, zuweilen bis zu zehn Maschinen gleichzeitig zur Bedienung zu geben.

Beträgt z. B. die Aus- und Einspannzeit des Werkstücks und die Ingangsetzung der Maschine 10 Sekunden und die Laufzeit der Maschine 60 Sekunden, dann kann ein Arbeiter bei voller Ausnutzung der Maschinen deren 4 bis 5 gleichzeitig bedienen. Und dann kann man sagen: der Beschäftigungsgrad des Arbeiters ist angenähert 100%. Und das ist das Ziel, welches immer anzustreben ist!

In vielen großen Werken wird dem Beschäftigungsgrad des Akkordarbeiters auch volle Aufmerksamkeit geschenkt. In kleineren und mittleren Fabriken dagegen, zumal, wenn es sich um Einzel- oder Kleinserienfertigungen handelt, denkt man wenig oder gar nicht daran, die beschäftigungslose Zeit des Arbeiters während des Selbstganges der Maschinen zu nutzen. Bei Einzel- und Kleinserienfertigung ist dies allerdings auch mit größeren Schwierigkeiten verknüpft, doch sollte man stets das Ziel im Auge behalten, den Arbeiter voll zu beschäftigen. Zuweilen ist es auch möglich, eine Maschinenarbeit mit einer Handarbeit zu kombinieren. Während der Maschinenlaufzeit kann z. B. der Arbeiter ohne weiteres an den gleichen Werkstücken auch die erforderlichen Entgratearbeiten ausführen.

Damit soll dem jungen Betriebsingenieur die große wirtschaftliche Bedeutung des Beschäftigungsgrades des Arbeiters vor Augen geführt werden und damit ein neuer Aufgabenkreis, der es ermöglicht, den Lohnaufwand für die einzelnen Erzeugnisse ganz wesentlich zu senken.

54. Bedeutung der Durchflußgeschwindigkeit des Fertigungsmaterials durch den Betrieb. Eine Aufgabe, die allerdings meist in die Hände eines bereits sehr erfahrenen Betriebsingenieurs gelegt wird, ist jene, die Materialdurchlaufzeit durch den vollständigen Arbeitsprozeß abzukürzen. Ich erwähne sie jedoch, um bereits den jungen Ingenieur anzuregen, sich Gedanken darüber zu machen.

Jede Ansammlung von Fertigungsmaterial — sei es in den Magazinen oder im Betriebe — verursacht Kosten. Beschaffung des Materials erfordert Betriebskapital. Dieses Kapital kostet Zinsen! Befindet sich eine große Menge von Fertigungsmaterial im Umlauf — ist als Halbfabrikat in den Montagelägern gestapelt —, für das die Fertigungslöhne bereits gezahlt werden mußten, so war für diese erneutes Betriebskapital nötig. Oft befindet sich das Fertigungsmaterial — zum großen Teil im bearbeiteten Zustande — ein halbes Jahr und noch länger im Werke und kann als Fertigprodukt noch nicht geliefert bzw. verkauft werden, weil der gesamte Fertigungsprozeß eine so lange Zeit erfordert.

Im Idealfall müßte das Rohmaterial zu Beginn des Tages im Werk eintreffen und am Ende des Tages das Werk als Fertigprodukt wieder verlassen. Es leuchtet ein, daß auf diese Weise ein nur ganz kleines Betriebskapital erforderlich wäre, nennenswerte Zinsen nicht zu zahlen wären und außerdem keine großen Lagergebäude errichtet werden müßten. Ein solches Idealbild sollte uns stets vorschweben.

Tatsache ist, daß manche Werke diesem Ideal schon sehr nahe gekommen sind. So gibt es Automobilfabriken, welche Materialdurchflußzeiten von weniger als 6 Tagen erzielen.

Voraussetzung dafür ist: feststehendes Fertigungsprogramm, klare Termindisposition, pünktliches Eintreffen des Fertigungsmaterials, Vermeidung irgendwelcher Materialansammlungen im Betrieb und Fortfall von größeren Materiallägern.

Die Eigenart der meisten Betriebe läßt nun jedoch eine Verkürzung der Materialdurchlaufzeit auf wenige Tage nicht zu. Es sollte jedoch in den meisten Fällen möglich sein, Materialdurchlaufzeiten von vielen Monaten sehr stark abzukürzen. Entscheidend ist, daß man sich in vielen Fällen überhaupt nicht mit dem Versuch befaßt, die Materialdurchlaufzeit abzukürzen! Wenn erst der Wille hierzu besteht, finden sich auch die Wege. So ist zunächst wichtig, die Vorteile einer verkürzten Materialdurchlaufzeit zu erkennen.

C. Werkstoffprobleme

55. Werkstoffwahl des Konstrukteurs. Bereits auf der technischen Schule mußten wir uns mit den unzähligen Werkstoffen und deren Eigenarten befassen. Häufig jedoch konnten wir uns dabei keine richtige Vorstellungen über die Auswirkungen der mannigfaltigen Eigenschaften machen. So vor allem wird auf den Schulen weniger streng darauf geachtet, daß man einen Werkstoff stets mit zweierlei Augen betrachten muß.

Der Konstrukteur betrachtet einen Werkstoff insbesondere auf seine Geeignetheit für die Verwendung für ein Konstruktionsteil. Er wählt einen bestimmten Werkstoff, weil er für ein Konstruktionsteil leichtes Gewicht, hohe Zugfestigkeit und Bruchfestigkeit anstrebt, um z. B. eine unbedingte Haltbarkeit des Konstruktionsteiles zu gewährleisten. Oder aber er sucht ein anderes Material für ein anderes Konstruktionsteil, das vor allem Verschleißfestigkeit aufweist. So wählt der Konstrukteur jeweils jenen Werkstoff, je nachdem, welcher Beanspruchung ein Konstruktionsteil ausgesetzt werden soll und je nachdem, welche Aufgabe ein Konstruktionsteil zu erfüllen hat.

Der Betriebsingenieur dagegen betrachtet vor allem nur eine Eigenart jedes Werkstoffes:

56. Bearbeitbarkeit des Werkstoffes [13]. Sie ist es, welche das Arbeitsverfahren, die Werkzeugmaschine, das Werkzeug und die besondere Gestaltung dieses Werkzeuges mitbestimmt.

Nun liegt in dieser Beziehung allerdings bereits soviel Erfahrungsmaterial vor, daß ein junger Betriebsingenieur in aller Ruhe sich in dieses weitere große Aufgabengebiet einarbeiten kann. Er soll jedoch von vornherein wissen, daß dieses Aufgabengebiet tatsächlich besteht!

So sollte er sich zunächst einmal Klarheit darüber verschaffen, von welchen Faktoren der Grad der Bearbeitbarkeit eines Werkstoffes bestimmt wird. Auch heute noch herrscht vielfach die irrige Auffassung, daß Bearbeitbarkeit etwa identisch ist mit Zugfestigkeit. Eine weit größere Rolle spielt hierbei die Bruchfestigkeit, wie sie z. B. durch die Kerbschlagprobe bestimmt wird. Doch wir wollen uns hier auch darauf beschränken, nur auf die Aufgabe hinzuweisen.

Die Beherrschung dieser Fragen ist insofern erforderlich, als insbesondere bei manchen Konstruktionsstählen oder Gesenkstücken durch eine geeignete Wärmebehandlung die Bearbeitbarkeit wesentlich verbessert werden kann.

57. Wärmebehandlung der Konstruktionsstähle. Damit aber schneiden wir wieder ein neues Kapitel an: die Wärmebehandlung von Stählen [17].

Ein junger Betriebsingenieur präge sich vor allem das Eisen-Kohlenstoff-Diagramm gut ein! Er zeichne es dutzendemale auf! Und immer wieder!

Meist steht ein junger Betriebsingenieur in einem mechanischen Betrieb, die Wärmebehandlung der Stähle geht in einer besonderen Abteilung: der Härterei, vor sich, die auch einem besonderen Ingenieur unterstellt ist. Mit diesem ist dann wieder ständiger Kontakt zu pflegen.

Der junge Ingenieur verfolge genau die jeweilige Auswirkung einer Wärmebehandlung — auch in bezug des Einflusses auf die Bearbeitbarkeit eines Stahles. Ob es sich nun um ein Glühen, Härten, Vergüten oder Anlassen handelt, die Abschreckung in Wasser, Öl oder Salz erfolgt oder das Einsetzen durch Einsatzpulver oder im Salzbad stattfindet — über die Auswirkung alles dessen muß er sich im Laufe der Zeit Klarheit verschaffen.

Und hierzu steht ihm außer der Härtereileitung eine weitere ausgezeichnete Hilfe zur Verfügung: die Werkstoffprüfstelle.

58. Zusammenarbeit mit der Werkstoffprüfstelle [18]. Dort werden sämtliche Werkstoffe auf ihre mechanischen Eigenschaften, auf ihr Gefüge und auch auf ihre Bestandteile hin untersucht. Hat z. B. der junge Ingenieur die Wärmebehandlung eines bestimmten Werkstoffes genau verfolgt, dann trenne er von diesem fertig wärmebehandelten Werkstoff ein Probestück ab, bringe es der Werkstoffprüfung und lasse sich dort ein Schliffbild machen. Aus diesem kann er dann genau das Resultat der Wärmebehandlung erkennen, gleichzeitig auch kontrollieren, ob die Wärmebehandlung richtig erfolgte. Oder aber er hat z. B. große Schwierigkeit bei der Bearbeitung eines Materials. Dann bringe er wieder eine Probe oder ein Arbeitsstück in die Werkstoffprüfstelle und verfolge, wie die Werkstoffprüfstelle bei der Untersuchung vorgeht. Interessiert er sich für die Zusammensetzung eines Materials, dann bringe er eine Hand voll Späne zur Werkstoffprüfung, die alsdann eine Analyse vornimmt: eine qualitative und oder auch eine quantitative.

Für solche Zwecke ist eine Materialprüfstelle da. Ihr Leiter wird sich freuen, wenn man von dem Vorhandensein dieser Einrichtung häufig Gebrauch macht!

So sollte auch ein sehr häufiger Besuch der Materialprüfstelle unbedingt auf das Programm gesetzt werden. Der junge Ingenieur wird sich bei dieser Gelegenheit Kenntnisse aneignen, die von großer Wichtigkeit sind.

Da ist z. B. irgendein Maschinenteil oder ein Werkstück zu Bruch gegangen. Nun forscht man vergeblich nach der Ursache. Der Werkstoffkundige kann meist sofort am Bruch beurteilen, ob es sich um einen Materialfehler, einen Fehler in der Wärmebehandlung, ein ungeeignetes Material, eine Materialverwechslung, eine Überbeanspruchung, einen Dauerbruch (Ermüdungsbruch) oder einen Gewaltbruch handelt. Ohne eingehende Materialkenntnisse aber vermag man aus dem Bruch kein sicheres Urteil zu fällen.

Überdies ist die Erforschung dieses Gebietes so interessant, daß man nie das Gefühl hat, zu arbeiten, obwohl hierbei sehr wertvolle Arbeit geleistet wird. Diese wird sich immer irgendwie sehr positiv auswirken.

59. Nichteisenmetalle und andere Werkstofffragen. Damit haben wir jedoch nur eines der Werkstoffgebiete betrachtet: die Gruppe der Konstruktionsstähle für spanabhebende Formung. Der Hinweis auf die Verspanung lenkt automatisch auch auf die Erwärmung der Späne, deren Form und Eigenart wiederum ein besonderes Studium verdienen. Aus der jeweiligen Wesensart der Späne können sehr viele Rückschlüsse bezüglich der richtigen Wahl des Werkzeugs und deren Schnittwinkel gezogen werden — nach aufmerksamer und langer Übung.

Bei Werkstoffen, die für die spanlose Formung [19] in Frage kommen, z. B. Eisenblechen, sind es wiederum ganz andere Eigentümlichkeiten, die den Betriebsmann interessieren. Um ein Beispiel zu bringen: die Tiefziehbleche, die geradezu eine teigige Beschaffenheit auch in kaltem Zustande aufweisen müssen, um beim Verformungsvorgang nicht abzureißen. Was also beim Verspanungsvorgang Schwierigkeiten verursacht, ist hier sehr erwünscht: die große Dehnung!

Neben den Eisenlegierungen finden wir dann weiter die große Zahl von Aluminium- und Kupferlegierungen [20], die immer stärker in den Vordergrund sich drängenden Kunststoffe [21] und schließlich jene Metalllegierungen, die spritzfähig sind, eine Werkstoffgruppe, welcher höchste Aufmerksamkeit zukommt [22].

Und wiederum müssen wir unser Eisenkohlenstoffdiagramm [18] hervorholen, wenn wir uns mit dem Schweißprozeß [23] befassen müssen. Schweißen wir vorteilhafter elektrisch oder autogen? Welche Art von Schweißstab ist jeweils zu verwenden?

Auch jene Werkstoffe, die zur galvanischen Auftragung gelangen, wie Kupfer, Nickel, Kadmium, Chrom, Zinn, Zink usw. spielen im Betrieb oft eine große Rolle. Da ist z. B. das Hartverchromungsverfahren, das bereits eine große Verbreitung gefunden hat und noch weiter an Bedeutung gewinnen dürfte.

Wir wollen jedoch aus dem jungen Betriebsmann weder einen Hütteningenieur noch einen Metallurgen machen und von ihm nur eben soviel verlangen, daß er seine ihm gestellte Aufgabe im Betrieb zu lösen vermag. Dazu gehört aber nun einmal, daß er im Laufe der Jahre auch eine elementare Grundlage im Werkstoffwesen sich aneignet.

Der Betriebsmann, der auch im Werkstoffgebiet gut unterrichtet ist, vermag häufig genug bei auftretenden Schwierigkeiten bei der Bearbeitung eines Werkstoffes dem Konstruktionsbüro Vorschläge für die Wahl eines anderen Werkstoffes zu machen, die der Forderung des Konstrukteurs, jedoch auch der Forderung nach leichterer Bearbeitungsmöglichkeit entsprechen.

So möge diesem Kapitel entnommen werden, welche große Bedeutung der Werkstofffrage im Rahmen der Fertigung zukommt.

IV. Die Welt außerhalb der Fabrikmauern

60. Die große Gefahr, einseitig zu werden. Ein junger Ingenieur, der ganz in diesem geschilderten Aufgabenkreis aufgeht und seinen Blick immer nur auf „seinen" Betrieb richtet, wird im Laufe der Jahre und Jahrzehnte ein einseitiger und bedauernswerter Mensch — meist von nur durchschnittlichem Können. Es ist auffallend, wie insbesondere ältere Ingenieure sich nur noch von Maschinen und technischen Dingen zu unterhalten vermögen. Ihr Interesse und ihre Begeisterungsfähigkeit für andere Dinge sind fast völlig erloschen. — Es ist ein großer Irrtum, zu glauben, daß der Erfolg als Ingenieur ausschließlich von dem Grade der permanenten Konzentration für seinen Aufgabenkreis abhängt. Das nur auf einen Punkt gerichtete Konzentrationsvermögen wird sehr bald erlahmen, wenn ihm nicht häufige Erholungspausen gegönnt werden.

Die Einseitigkeit in beruflicher Hinsicht ist verhältnismäßig leicht dadurch zu bekämpfen, daß der junge Betriebsingenieur sein ständiges Augenmerk auch auf seine technische Umwelt richtet, „seinen" Betrieb also zuweilen ganz zu vergessen sucht, um sich mit der Entwicklung der Technik als Ganzem auf dem laufenden zu halten. Sein „eigener" Betrieb dürfte in jedem Falle nur einem winzigen Teilchen der Gesamttechnik gleichkommen. Und dieses Teilchen wird niemals ausreichen, aus dem jungen Ingenieur einen Techniker von Format zu gestalten. Selbst für den Fall, daß er den Sektor „Maschinenbau" nicht verlassen möchte, ist schon dieser eine Sektor so ungeheuer vielseitig, daß er versuchen sollte, wenigstens in ihn tief einzudringen. Wenn im Augenblick z. B. sein Betrieb nur Maschinen der spangebenden Formung aufweist, sollte er sich mit den Arbeitsverfahren und Maschinen der spanlosen Umformung, mit dem Gießereiwesen, den Schweißverfahren, der Härtetechnik und allen übrigen Fertigungsverfahren befassen, damit er auch über deren Bedeutung, Anwendbarkeit und Entwicklungszustand im Laufe der Jahre gut unterrichtet ist. Auch sollte er sich für Konstruktionen und Fertigungen von Erzeugnissen, die nicht in seinem Betriebe produziert werden, ebenfalls interessieren. Eine solche gewollte Ablenkung von seinem eigenen Betrieb kommt direkt oder indirekt auch diesem zugute; er selbst aber wird vielseitiger. Sei es nun, daß er sich mit allgemeinen Fertigungs- oder Organisationsfragen, mit der großen Anzahl von Werkzeugmaschinen-, Vorrichtungs- und Werkzeugarten, mit rein konstruktiven oder mit wirtschaftlichen Fragen befasse — alles das erweitert seinen Horizont.

Gelegenheit dazu bieten die Fachzeitschriften, Fachbücher, Ausstellungen, Vorträge und insbesondere die vielen „Gemeinschaftsarbeiten außerhalb des Betriebes". Die Arbeitsgemeinschaft deutscher Betriebsingenieure (ADB im VDI[6])), der Ausschuß für wirtschaftliche Fertigung (AWF[7])), der Deutsche Verband für

[6]) Verein Deutscher Ingenieure und ADB: 4 Düsseldorf 1, Graf-Recke-Str. 84.
[7]) AWF: 6 Frankfurt/Main, Gutleutstr. 163—167.

Schweißtechnik (DVS[8])), der REFA[9]), der Deutsche Normenausschuß[10]) u. a. schufen und schaffen immer neue allgemeingültige Stützpunkte praktischer, wissenschaftlicher und organisatorischer Art, die jeder Ingenieur sich zunutze machen sollte. Und noch klüger handelt jener Ingenieur, der sich durch Anschluß an diese Arbeitsgemeinschaften aktiv daran beteiligt.

Die Einseitigkeit in menschlicher Beziehung droht jedoch in noch verhängnisvollerem Maße! Warum ist der Ingenieur meist kein Redner, kein Politiker, nicht geschäftstüchtig, in seinem Auftreten schüchtern und linkisch, auf manchen Gebieten geradezu ungebildet? Weil er sich von seiner Aufgabe und seinem Betrieb völlig absorbieren läßt! Er kennt nur die technische Welt, nicht aber die Welt eines normalen, geistig hochstehenden Menschen. Er glaubt, ein „Idealist" zu sein — und wird dafür nur mitleidig belächelt.

Jeder Ingenieur sollte ausgleichende Interessen auf allen Gebieten der Allgemeinbildung entwickeln, sollte sich zuweilen in ein deutsches Lexikon vertiefen, er sollte Sport treiben, bei Begabung auch Musik, und reisen — sofern dies möglich, versuchen, das Ausland kennenzulernen, Gelegenheit suchen, selbst Vorträge zu halten, gesellige Veranstaltungen aufsuchen und lernen, sich in ingenieurfremder Gesellschaft zu bewegen. Er richte sein Augenmerk gelegentlich auch auf rein kaufmännische, juristische oder politische Dinge. Je mehr Ablenkung er von seinem Berufe sucht, um so freudiger und erfolgreicher gestaltet er seine Tätigkeit in „seinem Betrieb", der ihn ohnehin täglich 10 Stunden ausfüllt.

Diese Zeilen mögen auf jene Ingenieure belustigend wirken, die nur arbeiten, um ein Gehalt zu verdienen. Es soll jedoch auch Ingenieure geben, die ausschließlich ihrer Aufgabe leben und die Umwelt ganz vergessen. Und diesen letzteren möchte ich vor Augen führen, daß es eine der sehr wichtigen Aufgaben ist, sich zuweilen zu zwingen, das technische Gehirn auszuschalten und sich darauf zu besinnen, daß es außer der Arbeit und der Technik im Leben Dinge gibt, deren Wert und Schönheit ein harmonischer Mensch nicht übersehen darf. Alles zu seiner Zeit! Und jedem Wert die gebührende Achtung und Beachtung! Arbeit und Technik sind ganz bestimmt nicht alleinige Pächter des „Erdenglücks" — doch bin ich für nähere Winke nicht zuständig.

Damit beabsichtige ich keinesfalls, den jungen Ingenieur von seiner Aufgabe ablenken zu wollen. Diese Aufgabe an sich ist unantastbar! Aber damit er dieser Aufgabe gewachsen bleibt und sich allmählich über sie zu erheben vermag, warne ich davor, sich in Einzelheiten zu verlieren. Im Laufe der Zeit soll ein Ingenieur den absoluten Wertmaßstab aller Dinge erkennen, und dies ist nur möglich, wenn er seinen Standpunkt der Betrachtungen wechselt, wenn er Vergleiche anzustellen in der Lage ist, wenn er sich allmählich über die Dinge zu stellen vermag.

Der einseitige Mensch verfügt über eine Urteilskraft nur in Dingen eines beschränkten Horizonts. Daher erweitern wir unsern Horizont, um unsere Urteilskraft zu erweitern!

Schlußbetrachtungen

Damit wäre das gesamte Aufgabengebiet eines Betriebsingenieurs in einer Maschinenfabrik beschrieben. Selbstverständlich treten neben den grundsätzlichen Aufgaben noch unzählige Abarten auf und Aufgaben, die aus dem üblichen Rah-

[8]) DVS: 4 Düsseldorf, Schadowstr. 42.

[9]) Verband für Arbeitsstudien — Refa e. V.: 61 Darmstadt, Holzhofallee 35.

[10]) Deutscher Normenausschuß (DIN): 1 Berlin 30, Burggrafenstr. 4—7; 5 Köln, Friesenplatz 16.

men fallen. Immerhin kann der junge Betriebsingenieur oder derjenige, der es werden will, sich ein Bild von seiner zukünftigen Tätigkeit machen.

Wenn wir nun die Summe und die Vielgestaltigkeit der Aufgaben eines Betriebsingenieurs betrachten, dann müssen wir folgendes berücksichtigen. Die hier vorliegende Aufzählung von Aufgaben ist nicht etwa einem Pensum gleichzusetzen, das nun täglich oder wöchentlich zu erfüllen sei. In der Praxis tritt jeweils eine Aufgabe nach der anderen an den Betriebsingenieur heran. Ihm bleibt also immer die Zeit, in aller Ruhe sich mit der Lösung zu befassen. Nach einer bereits kurzen Zeit der Einarbeitung wird er selbst erkennen, daß die meisten Aufgaben automatisch gelöst werden und daß seine Hauptaufgabe darin besteht, das Wie dieser Lösungen zu prüfen und allmählich mit seiner persönlichen sachlichen Kritik einzusetzen. Er wird dann selbst damit beginnen, zu disponieren, d. h. die Bearbeitung der einzelnen Aufgaben auf seine ihm unterstellten Mitarbeiter zu übertragen. Wie eingangs ausdrücklich betont wurde, ist es nicht Sache des Betriebsingenieurs, jede Aufgabe selbst lösen zu wollen, vielmehr muß er bemüht sein, für jede Aufgabe einen Bearbeiter zu finden und Art und Termin der Erledigung zu überwachen, um sich für solche Aufgaben freizuhalten, deren Bearbeitung er sich selbst vorbehalten hat.

Wichtig ist nur, daß keine der Aufgaben vergessen wird. Und hier soll dies Büchlein helfen und einen Überblick über den gesamten Aufgabenkreis geben, den ein junger Betriebsingenieur aus eigener Erfahrung im allgemeinen erst nach vielen Jahren gewinnen kann.

Es wird dem Leser nun aufgefallen sein, daß von der Anwendung der auf der Ingenieurschule oder der Technischen Hochschule erworbenen Kenntnisse überhaupt nicht die Rede war. Nun wird zwar bei der Lösung der einen oder anderen Aufgabe zuweilen schon das Vorhandensein dieser Kenntnisse gefordert, vor allen Dingen Kenntnisse in der Physik, Chemie, Statik, Festigkeitslehre und Dynamik. Im allgemeinen wird jedoch im Betrieb die Beherrschung der höheren Mathematik nicht verlangt. Mit dem großen Einmaleins, dem Rechenschieber, etwas Algebra und etwas Geometrie kommt man im Betriebe aus. Treten wirklich in einem Werke Aufgaben auf, die schwierige mathematische Berechnungen erfordern, dann werden diese von Spezialisten auf den Konstruktionsbüros gelöst. Der Betrieb jedoch verlangt Kenntnisse auf wirtschaftlichem Gebiet und Organisatoren, Praktiker mit schöpferischer Veranlagung, Menschenführer und Kämpfer mit kräftigen Ellenbogen und auch wieder — Diplomaten. An den Charakter eines Betriebsingenieurs werden also ungleich größere Anforderungen gestellt als an seine erlernten Kenntnisse. Wer Arbeit nicht liebt, der bleibe dem Betrieb fern, wer sie jedoch schätzt, wird in einem Betriebe viel Freude finden — neben manchem Kummer.

Zuguterletzt möchte ich jedem Betriebsingenieur noch empfehlen, sich von vornherein daran zu gewöhnen, sehr gewissenhaft ein Notizbuch zu führen. Mag er ein noch so gutes Gedächtnis haben, bei der Fülle der zu erledigenden Aufgaben wird zuweilen doch manches vergessen. Wichtig ist z. B. die Notiz über manche Bezugsquelle und über gar manchen Termin. Wer es jedoch unterläßt, sich bereits in den ersten Jahren zur Führung eines Notizbuches zu erziehen, der wird später, wenn er die Notwendigkeit dazu selbst einsieht, sich erst recht nicht mehr an das Notizbuch gewöhnen können.

Schrifttum (Auswahl)

Vorbemerkung: Die Ausführungen des Verfassers sind Erkenntnisse und Erfahrungen aus seiner beruflichen Tätigkeit als Betriebsingenieur. Sie mit ähnlichen, von anderen Praktikern veröffentlichten Erfahrungen zu belegen, würde ein umfangreiches Sonderstudium erfordern. Deshalb sind hier außer bei den vier Nummern 5, 6, 7 und 11 nur Hinweise gegeben auf diejenigen Hefte dieser Sammlung „Werkstattbücher", der auch das vorliegende Heft 106 angehört, in denen der Leser weitere Ausführungen über die im Text nur kurz angesprochenen technischen und wirtschaftlichen Aufgaben und Fragen sowie meistens auch ein für weitergehende Studien ausgewähltes spezielles Schrifttum findet. Besonders ausführlich sind diese Schrifttumsangaben in den an erster Stelle genannten Heften 99 und 100, die auch einen großen Teil der Aufgaben des Betriebsingenieurs behandeln.

[1] Heft 99. Pristl, F.: Arbeitsvorbereitung I. Betriebswirtschaftliche Vorüberlegungen, werkstoff- und fertigungstechnische Planungen (im ersten Kapitel Überblick über die Werksorganisation).
Heft 100. Pristl, F.: Arbeitsvorbereitung II. Der Mensch, seine Leistung und sein Lohn. Die technische und betriebswirtschaftliche Organisation.

[2] Heft 18. Berndt, G., u. H. Trumpold: Technische Winkelmessungen.
Heft 104. Schmidt, H.: Längenmessungen.
Heft 114. Schmidt, H.: Lehren.
Heft 65. Kress, K.: Messen von Gewinden.

[3] Heft 3. Mauri, H.: Anreißen in Maschinenbauwerkstätten.
Heft 38. Dorl, A.: Vorzeichnen im Kessel- und Apparatebau.
Hefte 33, 35, 42. Mauri, H.: Vorrichtungsbau I, II, III.
Heft 86. Busch, E., u. F. Kähler: Feinstarbeit, Rechnen und Messen im Lehren-, Vorrichtungs- und Werkzeugbau.

[4] Heft 67. Heinze, P.: Prüfen und Instandhalten von Werkzeugen und anderen Betriebshilfsmitteln.

[5] Friedrich, A. M.: Die menschliche Seite der Arbeit des Betriebsingenieurs. Werkstattstechnik 51 (1961) S. 4—7.
Friedrich, A. M.: Persönlichkeit und Gemeinschaft im Betrieb. Schriftenreihe (1954 u. folg.), Rechtsverlag GmbH, Düsseldorf, Oststr. 119/121.

[6] Riedel, G.: Zu neuen Horizonten der Freiheit. VDI-Nachrichten Nr. 18 vom 4. 5. 1966, S. 9.

[7] Mohr, H.: Die modernen Naturwissenschaften und das Menschenbild der Wissenschaft. Umschau in Wissenschaft und Technik Nr. 9 vom 1. 5. 1966, S. 273—279.
Herz, H.: Netzplantechnik. Umschau 1966, H. 19, S. 642. Aufsatzreihe: „Netzplantechnik". VDI-Zeitschr. Nr. 14, Mai 1966.

[8] Heft 123. Rahmstorf, G.: Datenverarbeitung. Systemaufbau, Programmierung, Anwendung im Fertigungsbereich.

[9] Heft 98. Peineke, H. H.: Instandhaltung von Werkzeugmaschinen.

[10] Heft 48. Krekeler, K., u. P. Beuerlein: Öl im Betrieb.

[11] Hingewiesen sei auf die vom Beuth-Vertrieb GmbH, Berlin 30 oder Köln, kostenlos zu beziehenden Verzeichnisse der VDI-Richtlinien zur Pflege und Bewertung der Werkzeugmaschinen sowie der AWF- und REFA-Veröffentlichungen; besonders zu beachten die AWF-Maschinenkarten, ferner die DIN-Normen über Werkzeugmaschinen (s. DIN-Normblattverzeichnis unter DK 621.9: Spanende Umformung usw.).

[12] Heft 94. Rottler, A.: Werkzeugschleifen spangebender Metallbearbeitungswerkzeuge.

[13] Heft 61. Krekeler, K.: Zerspanbarkeit der Werkstoffe.

[14] Heft 1. Langsdorff, W.: Gewindefertigung.
Heft 5. Staudinger, H.: Schleifen und Polieren der Metalle.
Heft 15. Klein, H. H.: Bohren.
Heft 16. Dinnebier, J.: Senken und Reiben.
Heft 22. Brödner, E.: Die Fräser, Konstruktion und Herstellung.
Heft 88. Klein, H. H.: Das Fräsen.
Heft 26. Schatz, A.: Innenräumen.
Heft 80. Schatz, A.: Außenräumen.
Heft 97. Hofmann, W.: Spitzenloses Schleifen.
Heft 105. Finkelnburg, H. H.: Läppen.

[15] Heft 83. Petzoldt, Fr.: Werkzeugeinrichtungen auf Einspindelautomaten.
Heft 95. Petzoldt, Fr.: Desgl. Mehrspindelautomaten.
[16] Heft 71. Finkelnburg, H. H.: Wirtschaftliche Verwendung von Mehrspindelautomaten.
Heft 81. Finkelnburg, H. H.: Desgl. Einspindelautomaten.
[17] Heft 7. Malmberg, W.: Glühen, Härten und Vergüten des Stahles.
Heft 8. Bleckmann, C. E.: Die Härterei — Einrichtung und Betrieb.
Heft 89. Grönegress, H. W.: Brennhärten.
Heft 116. Höhne, E.: Induktionshärten.
[18] Heft 34. Riebensahm, P., u. P. W. Schmidt: Werkstoffprüfung (Metalle).
Heft 121. Kauczor, E.: Metall unter dem Mikroskop (Eisenkohlenstoffdiagramm).
[19] Heft 25. Sellin, W.: Tiefziehtechnik.
Hefte 44, 57, 59. Krabbe, E.: Stanzereitechnik I, II und III.
Heft 60. Sellin, W.: Stanzereitechnik IV. Formstanzen.
Heft 117. Sellin, W.: Metalldrücken.
[20] Heft 45. Keller, H., u. K. Eickhoff: Kupfer und Kupferlegierungen.
Heft 53. Böhle, Fr.: Leichtmetalle.
[21] Heft 109. Nielsen, A.: Hitzehärtbare Kunststoffe (Duroplaste).
Heft 110. Determann, H.: Nichthärtbare Kunststoffe (Thermoplaste).
Heft 82. Lindner, H.: Hydraulische Preßanlagen für die Kunstharzverarbeitung.
[22] Heft 93. Krekeler, K., u. K. Steinemer: Metallspritzen.
[23] Heft 43. Klosse, E.: Lichtbogenschweißen.
Heft 73 a/b. Brunst, W., u. E. Fahrenbach: Widerstandsschweißen.
Heft 74. Hesse, R.: Praktische Regeln für den Elektroschweißer.
Heft 85. Ricken, Th.: Das Schweißen der Leichtmetalle.

721/9/68

Verzeichnis der zur Zeit lieferbaren Hefte nach Fachgebieten (Fortsetzung)

(Fortsetzung 4. Umschlagseite)